これでわかる算数 小学6年

文英堂編集部　編

JN025255

文英堂

特別ふろく 教科書の要点 まとめカード30

1

〔円の面積〕　　　➡本文5ページ

● 円の面積は，次の式で求められる。

円の面積＝半径×半径×円周率
　　　　＝半径×半径×3.14

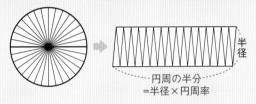

─円周の半分─
＝半径×円周率

半径

答　(1) 314 cm² 　(2) 471 cm²

2

〔ふくざつな図形の面積〕　　➡5ページ

① 全体から部分をひく。

② 重なり部分を考える。

③ 図形の一部分を移動する。

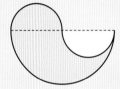

答　(1) 314 cm² 　(2) 57 cm²

3

〔数量を表す式・関係を表す式〕　➡13ページ

いろいろに変わる数や量のかわりに，文字 a や x などを使って，数量や数量の関係を式に表すことができる。

（例）正三角形の1辺の長さを a cm とすると，
　　　まわりの長さは，$a×3$ (cm)
　　　まわりの長さを，b cm とすると，
　　　$a×3＝b$

答　(1) $a×3$ 　(2) $x×4＝y$

4

〔x を使った式〕　　➡13ページ

わからない数や量を x として，数量の関係を式に表し，x の値を求めることができる。

（例）面積 3 cm² の三角形
　　　の底辺を 3 cm とする
　　　と高さ x cm は
　　　$3×x÷2＝3$
　　　$x＝3×2÷3＝2$ (cm)

x cm

3cm

答　(1) 1.2 　(2) 7 　(3) 83 　(4) $2\frac{1}{2}$ 　(5) $\frac{1}{2}$ 　(6) 600

5

〔分数のかけ算〕　　➡22ページ

分数×整数では，分母はそのままで，
　　　分子に整数をかける。

分子のかけ算

$\dfrac{▲}{■}×● ＝ \dfrac{▲×●}{■}$

分母はそのまま

答　(1) $\frac{4}{7}$ 　(2) $\frac{1}{2}$ 　(3) $4\frac{1}{2}\left(\frac{9}{2}\right)$ 　(4) $\frac{3}{4}$ 　(5) 8 　(6) 6

6

〔分数のわり算〕　　➡22ページ

分数÷整数では，分子はそのままで，
　　　分母に整数をかける。

分子はそのまま

$\dfrac{▲}{■}÷● ＝ \dfrac{▲}{■×●}$

分母のかけ算

答　(1) $\frac{1}{15}$ 　(2) $\frac{5}{18}$ 　(3) $\frac{2}{7}$ 　(4) $\frac{1}{10}$ 　(5) $\frac{3}{32}$ 　(6) $\frac{1}{24}$

カードの使い方としくみ

ミシン目で切り取ってください。リングにとじて使えば便利です。

- カードの表には，教科書の要点がまとめてあります。
- カードのうらには，テストによく出るたいせつな問題がのせてあります。
- カードのうらの問題の答えは，カードの表のいちばん下にのせてあります。

2

● 下の図の色をつけたところの面積を求めましょう。

(1)　20cm / 20cm

(2)　20cm / 10cm

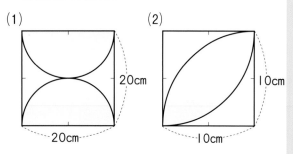

1

● 下の図の色をつけたところの面積を求めましょう。

(1)　20cm / 20cm

(2)　20cm　10cm

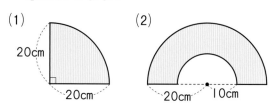

4

● 次の式で x の表す値を求めましょう。

(1)　$x+2.5=3.7$　　(2)　$14+x=21$

(3)　$x-32=51$　　(4)　$6 \times x=15$

(5)　$x \times 34=17$　　(6)　$x \div 8=75$

3

● 次の問いに答えましょう。

(1)　1個が a g のビー玉，3個の重さを式に表しましょう。

(2)　縦 x cm，横 4cm の長方形の面積は y cm² です。x と y の関係を式に表しましょう。

6

● 次のわり算をしましょう。

(1)　$\dfrac{1}{3} \div 5=$　　(2)　$\dfrac{5}{6} \div 3=$

(3)　$\dfrac{4}{7} \div 2=$　　(4)　$\dfrac{7}{10} \div 7=$

(5)　$\dfrac{9}{16} \div 6=$　　(6)　$\dfrac{7}{12} \div 14=$

5

● 次のかけ算をしましょう。

(1)　$\dfrac{2}{7} \times 2=$　　(2)　$\dfrac{1}{6} \times 3=$

(3)　$\dfrac{3}{4} \times 6=$　　(4)　$\dfrac{1}{4} \times 3=$

(5)　$\dfrac{2}{5} \times 20=$　　(6)　$\dfrac{3}{8} \times 16=$

7

〔分数のかけ算〕

➡26ページ

分数×分数では，分母どうし，分子どうしをそれぞれかける。

$$\frac{b}{a}\times\frac{d}{c}=\frac{b\times d}{a\times c}$$

分母どうし，分子どうし，のかけ算をする。

答　(1) $\frac{1}{10}$　(2) $\frac{1}{4}$　(3) 2　(4) $\frac{1}{4}$　(5) 1　(6) $4\frac{1}{5}$

8

〔分数のかけ算の問題〕

➡27ページ

ガソリン1Lで車が

$10\frac{1}{2}$ kmはしるとき，

$\frac{2}{3}$ Lではしるきょり＝

1Lではしるきょり×量 $\left(\frac{2}{3}\right)$

$10\frac{1}{2}$ km　　分数でも公式は使える

答　$\frac{9}{10}$

9

〔分数のわり算〕

➡30ページ

分数÷分数では，わる分数の分子と分母を入れかえてかける。

$$\frac{b}{a}\div\frac{d}{c}=\frac{b}{a}\times\frac{c}{d}=\frac{b\times c}{a\times d}$$

分母と分子を入れかえた

答　(1) $\frac{5}{6}$　(2) $\frac{1}{2}$　(3) 3　(4) $\frac{5}{7}$　(5) $\frac{3}{14}$　(6) $\frac{3}{5}$

10

〔分数のわり算の問題〕

➡30ページ

量が分数でも，公式は使える。

4kgあるビスケットをふくろに $\frac{2}{5}$ kgずつ分けるとき，

何ふくろできるか？

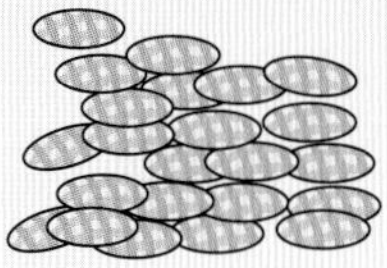

式は $4\div\frac{2}{5}=10$ (ふくろ) ←答

答　$\frac{5}{6}$

11

〔線対称〕

➡37ページ

線対称な図形の性質…対応する点を結ぶ直線は，**対称の軸に垂直**に交わり**対称の軸によって**2等分される。

答　㋑，㋓

12

〔点対称〕

➡37ページ

点対称な図形の性質…対応する点を結ぶ直線は，必ず**対称の中心を通り**，**対称の中心によって**2等分される。

答　㋑，㋒

13

〔比〕

➡49ページ

比…右の長方形の

縦2cm，

横3cm，

の割合を

2：3

のように表した割合を**比**という。

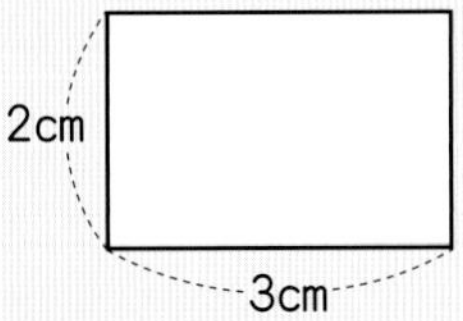

割合の表し方の1つ

答　❶18　❷17　❸18　❹35

14

〔等しい比〕

➡49ページ

▲：■の両方の数に同じ数をかけたり，同じ数でわったりしてできる比は，みんな**▲：■**に等しい。

×3　2：3＝6：9　×3

÷3　6：9＝2：3　÷3

答　❶3　❷2　❸2　❹3　❺2　❻1

● ペンキ1dLでは, $\frac{3}{4}$ m² のかべをぬることができます。
$\frac{6}{5}$ dL では, □m² ぬることができます。

● 次のかけ算をしましょう。

(1) $\frac{1}{5} \times \frac{1}{2}$　　　(2) $\frac{3}{8} \times \frac{2}{3}$

(3) $\frac{4}{5} \times \frac{5}{2}$　　　(4) $\frac{2}{7} \times \frac{7}{8}$

(5) $\frac{4}{5} \times 1\frac{1}{4}$　　　(6) $1\frac{3}{4} \times 2\frac{2}{5}$

● 米が $\frac{4}{5}$ L あります。
この米の重さをはかったら, $\frac{2}{3}$ kg ありました。
この米 1L の重さは□kg です。

● 次のわり算をしましょう。

(1) $\frac{1}{6} \div \frac{1}{5}$　　　(2) $\frac{3}{8} \div \frac{3}{4}$

(3) $\frac{3}{2} \div \frac{1}{2}$　　　(4) $\frac{4}{7} \div \frac{4}{5}$

(5) $\frac{3}{10} \div 1\frac{2}{5}$　　　(6) $1\frac{13}{20} \div 2\frac{3}{4}$

● 次の図形の中から点対称のものを見つけ記号で答えましょう。

㋐　　　㋑

㋒　　　㋓

● 次の図形の中から線対称のものを見つけ記号で答えましょう。

㋐　　　㋑

㋒　　　㋓

● 簡単な比で表しましょう。
(1) 姉のリボン36cmと妹のリボン24cm
$36 : 24 = $①□$: $②□
(2) 縦 $\frac{1}{2}$ m, 横 $\frac{3}{4}$ m の長方形の紙の縦と横の比
$\frac{1}{2} : \frac{3}{4} = $③□$: $④□
(3) 1時間30分と45分の比
1時間30分 : 45分 = ⑤□ : ⑥□

● せつこさんのクラスは, 男子18人, 女子17人です。次の割合を比に書きましょう。

(1) 男子の人数と女子の人数の割合は①□ : ②□
(2) 男子の人数とクラス全体の人数の割合は③□ : ④□

15

〔比を使った問題〕 ➡56 ページ

男子と女子の人数の比が 6：5 で，女子
の人数が 15 人のときの
男子の人数の求め方

男子：女子は　6：5

男子は女子の $\dfrac{6}{5}$ 倍

男子の人数は $15 \times \dfrac{6}{5} = 18$（人）←答

答　10

16

〔拡大図と縮図〕 ➡63 ページ

拡大図と縮図の性質…対応する辺の
長さの比は等しい。また，対応する
角の大きさはどれも等しい。

対応する辺の長さ
の比は等しい。

対応する角の
大きさは等しい。

答　(1)A　(2)E　(3)16cm

17

〔角柱や円柱の体積〕 ➡73 ページ

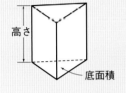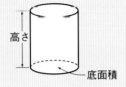

高さ　底面積　高さ　底面積

角柱の体積＝底面積×高さ
円柱の体積＝底面積×高さ
　　　　　＝半径×半径×3.14×高さ

答　23.44cm³

18

〔比例〕 ➡79 ページ

比例…ともなって変わる 2 つの量 x，y
があって，x の値が 2 倍，3 倍，…となる
と，それに対応する y の値も 2 倍，3 倍，
…となるとき，「y は x に比例（正比
例）する」という。

一方がふえるとき，他方も
ふえるだけでは，比例とは
いえない。

答　㋐，㋒，㋓

19

〔比例の式〕 ➡79 ページ

2 つの量 x，y が比例するとき，

　$y =$ 決まった数 $\times x$

答　$y = 4 \times x$

20

〔比例のグラフ〕 ➡79 ページ

比例のグラフは，
0 の点を通る直
線。

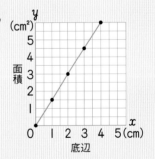

答　$y = 15 \times x$

21

〔反比例〕 ➡79 ページ

反比例…ともなって変わる 2 つの量 x，
y があって，x の値が 2 倍，3 倍，…とな
ると，それに対応する y の値が $\dfrac{1}{2}$，$\dfrac{1}{3}$，
…となるとき，「y は x に反比例する」
という。

答　㋐，㋔

22

〔反比例の式〕 ➡79 ページ

2 つの量 x，y が反比例するとき，

　$x \times y =$ 決まった数
　$y =$ 決まった数 $\div x$

答　$x \times y = 12$

15

学級園の花畑と野菜畑の面積の比は，3：4です。
花畑の面積は7.5m² です。
野菜畑の面積は□m² です。

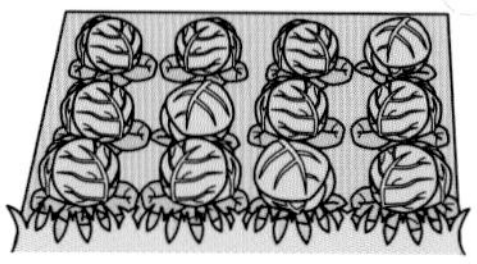

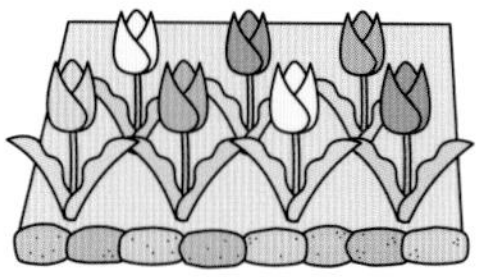

16

下の図の三角形 ABC は，三角形 DEF を $\frac{3}{4}$ に縮小したものです。

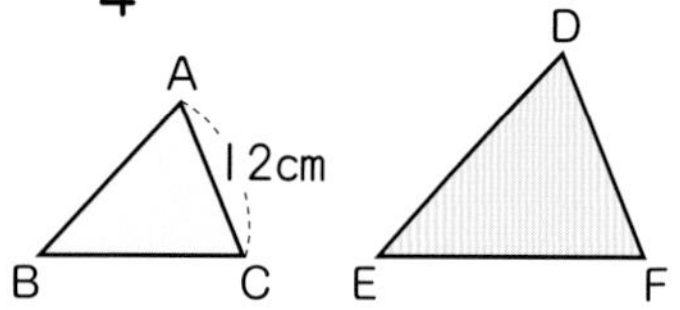

(1) 点Dに対応する点はどれでしょう。
(2) 角Bに対応する角はどの角でしょう。
(3) 辺FDは何cmでしょう。

17

次の立体の体積を求めましょう。

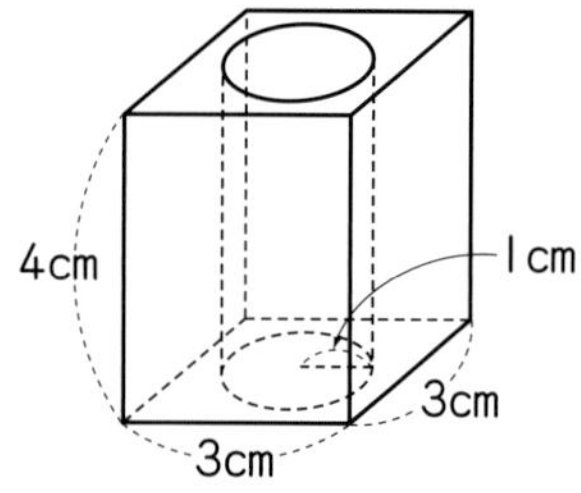

（円周率は 3.14）

18

次の中で，２つの量が比例するものはどれでしょう。
㋐ 車輪の回転数と進むきょり
㋑ ある人の身長と体重
㋒ 水の体積と重さ
㋓ 円の直径と円周
㋔ 円の半径と面積

19

下の表は，正方形の１辺の長さ x(cm)と，まわりの長さ y(cm)を表したものです。

１辺 x(cm)	1	2	3	4	5
まわり y(cm)	4	8	12	16	20

まわりの長さ y(cm)を，１辺の長さ x(cm)を使った式で表しましょう。

20

下のグラフは，針金の長さ x(m)と重さ y(g)の関係を表したものです。

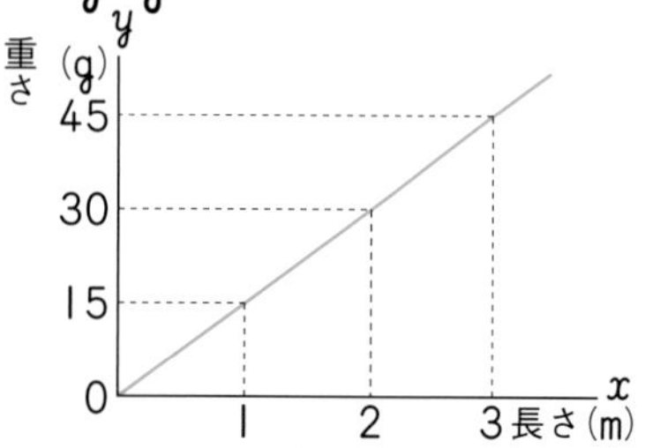

針金の重さ y(g)を，長さ x(m)を使った式で表しましょう。

21

次の中で，２つの量が反比例するものはどれでしょう。
㋐ 歯車の歯数と回転数
㋑ 4mのリボンを使った長さと残りの長さ
㋒ ある人の身長と歩はば
㋓ 円の半径と円周
㋔ 面積が 30cm² の三角形の底辺と高さ

22

下の表は，12kmはなれたところへ行くときの，時速 x(km)と時間 y(時間)を表しています。

時速 x(km)	1	2	3	4	6	12
時間 y(時間)	12	6	4	3	2	1

時速 $x$km と時間 y 時間を使った式で表しましょう。

23 〔反比例のグラフ〕　→79ページ

反比例のグラフ
は，なめらかな
曲線。

答　$x×y=6$

24 〔度数分布表とグラフ〕　→95ページ

体重(kg)	人数(人)
以上　未満	
25 ～ 30	3
30 ～ 35	7
35 ～ 40	4
40 ～ 45	2
合計	16

〔ちらばりを表す表〕　〔柱状グラフ〕

答　25m以上 30m未満

25 〔階級・中央値・最ひん値〕　→95ページ

階級…資料を整理したときに分けたそれ
ぞれの区間のこと。
中央値…資料の値を大きさの順に並べた
ときの中央の値のこと。
最ひん値…資料の値の中で、最も多く出
てくる値のこと。

答　中央値…9点　最ひん値…9点

26 〔並べ方の数〕　→103ページ

いくつかのものから何個かを選び，並べ
る順序を考えて１列に並べるとき，何
通りの並べ方があるかを考える。

答　24通り

27 〔組み合わせ方の数〕　→103ページ

いくつかのものから何個かを選び，その
組み合わせを考えるとき，何通りのち
がった組み合わせ方ができるかを考える。

答　10通り

28 〔面積・体積の単位〕　→115ページ

１辺	1cm	1m	10m	100m	1km
面積	1cm²	1m²	100m²(1a)	10000m²(1ha)	1km²

〔正方形の１辺の長さと面積〕

１辺	1cm		10cm	1m
体積	1cm³(1mL)	100cm³(1dL)	1000cm³(1L)	1m³(1kL)

〔立方体の１辺の長さと体積〕

答　(1)3500㎡　(2)200000㎡　(3)2dL　(4)5000L

29 〔重さの単位〕　→115ページ

体積の単位	1mm³	1cm³	100cm³	1000cm³	1m³
		1mL	1dL	1L	1kL
水の重さ	1mg	1g	100g	1kg	1t

〔重さと水の体積の関係〕

答　(1)0.27t　(2)0.7g　(3)1500kg　(4)0.5kg

30 〔時間の単位〕　→120ページ

１日	１時間	１分	１秒
24時間	60分	60秒	
1440分	3600秒		
86400秒			

〔時間の単位のしくみ〕

答　(1)8140秒　(2)1時間12分30秒

● ソフトボール投げ
の記録をとると，
右のような度数分
布表になりました。
いちばん人数の多
い階級は，どの階
級でしょう。

きょり(m)	人数(人)
以上 未満 10 ～ 15	1
15 ～ 20	3
20 ～ 25	4
25 ～ 30	8
30 ～ 35	3
35 ～ 40	2
40 ～ 45	1

● 下のグラフは面積 6cm² の長方形を
かくときの縦の長さ $x$cm と横の長さ
$y$cm の関係を表したものです。
x と y の関係を
式に表しましょう。

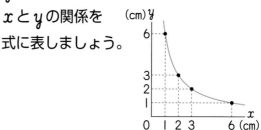

● しょうたさん，かずきさん，なおと
さん，たかしさんの4人でリレーを
します。4人の走る順番の決め方は
何とおりあるでしょう。

● 生徒10人が解いたテストの点数で
す。中央値と最ひん値を求めなさい。

番号	点数	番号	点数
1	3	6	4
2	9	7	8
3	8	8	13
4	10	9	9
5	9	10	10

● 次の量を（　）の中の単位で表しま
しょう。

(1) 35a (m²)　　(2) 0.2km² (m²)

(3) 200mL (dL)　(4) 5m³ (L)

● 5種類のくだものから2種類を選ぶ
とき，何とおりの組み合わせ方があ
るでしょう。

● 次の量を（　）の中の単位で表しま
しょう。

(1) 2時間15分40秒 (秒)

(2) 4350秒 (時間, 分, 秒)

● 次の量を（　）の中の単位で表しま
しょう。

(1) 270kg (t)　　(2) 700mg (g)

(3) 1.5t (kg)　　(4) 500g (kg)

この本の特色と使い方

この本は，全国の小学校・じゅくの先生やお友だちに，"どんな本がいちばん役に立つか"をきいてつくった参考書です。

❶ 教科書にピッタリあわせている。

❷ たいせつなこと(要点)がわかりやすく，ハッキリ書いてある。

❸ 教科書のドリルやテストに出る問題がたくさんのせてある。

❹ 問題の考え方や解き方が，親切に書いてあるので，実力が身につく。

❺ カラーの図や表がたくさんのっているので，楽しく勉強できる。中学入試にも利用できる。

この本の組み立てと使い方

教科書のまとめ

◉ その単元で勉強することをまとめてあります。

▷ 予習のときに目を通すと，何を勉強するのかよくわかります。テスト前にも，わすれていないかチェックできます。

解説 ＋ 問題

 問題

 別の考え方　 コーチ

 たいせつポイント

教科書のドリル

テストに出る問題

入試レベルの問題

◉ 各単元は，いくつかの小単元に分けてあります。小単元には「問題」，「教科書のドリル」，「テストに出る問題」，「入試レベルの問題」があります。

▷ 「問題」は，学習内容を理解するところです。ここで，問題の考え方・解き方を身につけましょう。

▷ 「コーチ」には，「問題」で勉強することと，覚えておかなければならないポイントなどをのせています。

▷ 「たいせつポイント」には，大事な事がらをわかりやすくまとめてあります。ぜひ，覚えておいてください。

▷ 「教科書のドリル」は，「問題」で勉強したことを確かめるところです。これだけでも，教科書の復習は十分です。

▷ 「テストに出る問題」は，時間を決めて，テストの形で練習するところです。

▷ 「入試レベルの問題」には，少し難しい問題も入っています。中学受験などの準備に役立ててください。

おもしろ算数 やってみよう

◉ 「おもしろ算数」，「やってみよう」では，ちょっと息をぬき，頭の体そうをしましょう。

仕上げテスト

◉ 本の最後に，テストの形でのせてあります。学習内容が理解できたかためしてみましょう。中学入試にも利用できる。

もくじ

もくじ

もくじ

1 円の面積

教科書の
まとめ

⭐ およその面積

▶ およその形をみつけて，およその
面積を求める。

⭐ 円の面積

▶ 円の面積は，次の式で求められる。

円の面積＝半径×半径×円周率

＝半径×半径×3.14

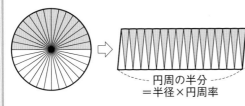

半径

円周の半分
＝半径×円周率

⭐ 面積の求め方のくふう

例 下の色の部分の面積

面積は半円の面積で

$10×10×3.14÷2＝157 (cm^2)$

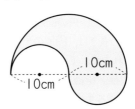

10cm

10cm

1 円の面積

半径10cmの円のおよその面積を求めようと思います。
右の図を利用して求めましょう。

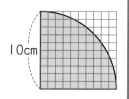

10cm

 考え方

方眼の1目は1cmですから，方眼1つの面積は1cm²です。
ふちの線にかかって欠けている方眼の面積は0.5cm²として考えましょう。

図から，欠けていない方眼の数　69個
　　　　　欠けている方眼の数　17個
あわせて　69+0.5×17=77.5(cm²)
円の面積は，この4倍で　77.5×4=310(cm²)

 約310cm²

 もっとくわしく

もう少しくわしく円の面積を求める方法を考えます。

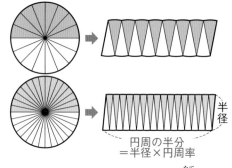

円周の半分
＝半径×円周率

半径

右の上の図は，円を16等分して，上半分と下半分を組み合わせたものです。

円をさらに細かく32等分にして組み合わせたのが下の図で，もっと長方形に近くなりました。

このように考えると，円の面積は長方形の面積のように考えられ，縦の長さは円の半径，横の長さは，円周の半分＝半径×円周率に近いと考えられます。ですから

円の面積＝半径×半径×円周率
　　　　＝半径×半径×3.14
です。
これを円の面積の公式とします。

円周の半分
＝半径×2×円周率÷2
＝半径×円周率
だよ！

たとえば，半径5cmの円の面積は
5×5×3.14=78.5(cm²)
となります。

 コーチ

● 円の面積の見当づけ
下の図で，円の面積は円の中の正方形の面積より大きく，円の外の正方形の面積より小さい。

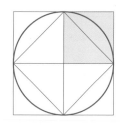

色をつけた正方形の面積は半径×半径である。
中の正方形の面積はこの面積の2倍，外の正方形の面積はこの面積の4倍である。
だから，円の面積は半径×半径の2倍と4倍の間である。

実際は，3と4の間の3.14倍です。

● 円の面積の公式
円の面積
＝半径×半径×円周率
＝半径×半径×3.14

たいせつ ポイント 円の面積は，次の式で求められる。

円の面積＝半径×半径×3.14

問題2 およその面積

右の図は，公園の池の形を方眼紙に
うつしとったものです。
方眼の1目は1mです。
この池の面積はおよそ何m²でしょう。

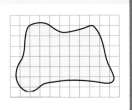

 全体の形が，およそ台形に近いので，
台形の公式にあてはめてみましょう。

(7+9)×6÷2＝48　**答** 約48m²

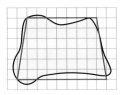

 1つの方眼の面積は1m²です。ふちの
線のかかった**欠けている方眼の面積**は
0.5m²と考えます。

欠けていない方眼の数　34個
欠けている方眼の数　28個

池の面積は　34+0.5×28＝48　**答** 約48m²

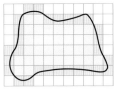

 コーチ

● 曲線で囲まれた不規
則な形の面積を求める
ときは，次のようなくふ
うをする。

①公式を使って計算の
できる，およその形
をみつける。

②方眼紙をあてて，方
眼の数をかぞえる。
ふちの線のかかった
欠けている方眼の面
積は，方眼の面積の
半分とみる。

問題3 面積の求め方のくふう

右の色をつけた部分の面
積を求めましょう。

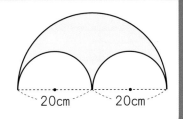

20cm　20cm

 円のちょうど半分を半円といいます。色をつけた部分の面
積は，大きい半円の面積から，2つの小さい半円の面積を
ひけばよいのですが，2つの小さい半円は直径が等しい
ので，2つ合わせると1つの円です。

面積は　20×20×3.14÷2−10×10×3.14
＝200×3.14−100×3.14＝(200−100)×3.14
＝100×3.14＝314(cm²)　**答** 314cm²

 半円は中心角180°のおうぎ形ともいいます。おうぎ形の半径
にはさまれた角を中心角といいます。おうぎ形の中心角がどのよ
うな角度でも，次の公式を使うと面積を求めることができます。

おうぎ形の面積＝半径×半径×3.14×$\frac{中心角}{360°}$

コーチ

● 同じ半径（直径）の
半円は，2つ合わせる
と1つの円である。

● 円やおうぎ形の面積
を計算するときは，
3.14を何回もかけずに
すむように，まとめて計
算する。

●計算のきまり

$a×b+a×c$
$=a×(b+c)$

$b×a+c×a$
$=(b+c)×a$

$b÷a+c÷a$
$=(b+c)÷a$

教科書のドリル

答え → 別冊2ページ

1 〔円の面積〕
次の円の面積を求めましょう。
(1) 半径5cmの円の面積
（　　　　　　　）

(2) 直径8cmの円の面積
（　　　　　　　）

(3) 円周が62.8cmの円の面積
（　　　　　　　）

2 〔円の面積〕
下の図の色をつけた部分の面積を求めましょう。

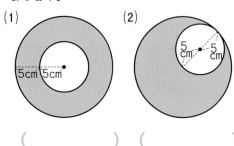

(1)　5cm 5cm　　(2)　5cm 5cm

（　　　　　　　）（　　　　　　　）

3 〔およその面積〕
右の図のような池の面積を求めましょう。方眼の1目は1mです。

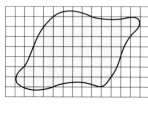

（　　　　　　　）

4 〔円の面積比べ〕
右の大小2つの円について，大きい円の面積は，小さい円の面積の何倍でしょう。

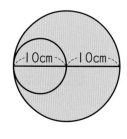

10cm　10cm

（　　　　　　　）

5 〔周や面積の求め方のくふう〕
下の図の色をつけた部分のまわりの長さと面積を求めましょう。

(1)
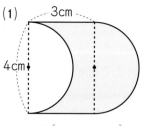
3cm
4cm

まわり（　　　　）　面積（　　　　）

(2)
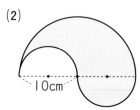
10cm

まわり（　　　　）　面積（　　　　）

(3)
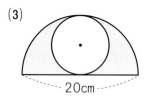
20cm

まわり（　　　　）　面積（　　　　）

(4)
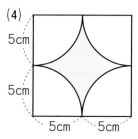
5cm
5cm
5cm　5cm

まわり（　　　　）　面積（　　　　）

(5)
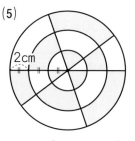
2cm

まわり（　　　　）　面積（　　　　）

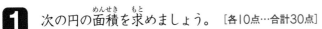
テストに出る問題

1 次の円の面積を求めましょう。[各10点…合計30点]

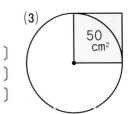

(3)
50
cm²

(1) 直径20cmの円　　　　　　　　　　　　　　〔　　　　　　　〕
(2) 円周が31.4mの円　　　　　　　　　　　　　〔　　　　　　　〕
(3) 半径を1辺とする正方形の面積が50cm²の円　〔　　　　　　　〕

2 右の図は，遊園地の池のまわりや橋の長さを，歩測したものです。池の面積は約何m²でしょうか。上から2けたの概数で求めましょう。[15点]

〔　　　　　　　〕

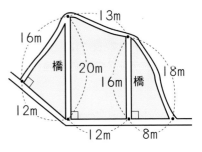

3 下の図のような形で，色をぬった部分のまわりの長さを求めましょう。また，面積も求めましょう。[各5点…合計20点]

(1)

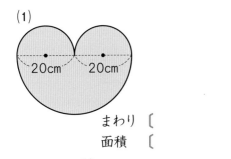

(2)

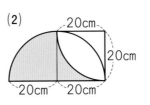

まわり〔　　　　〕　　　　　　まわり〔　　　　〕
面積　〔　　　　〕　　　　　　面積　〔　　　　〕

4 長さが約6.28mのロープで，円の形をかこむのと，正方形の形をかこむのとでは，できる面積は，どちらがどのくらい大きいでしょう。$\frac{1}{100}$の位までの概数で求めましょう。[15点]

〔　　　　　　　〕

5 図のように半径が同じで，中心がまっすぐに並んだ3個の円があります。青い部分のまわりの長さは99.96cmです。[各10点…合計20点]

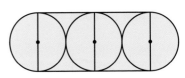

(1) 円の直径は何cmでしょう。　　〔　　　　〕
(2) 青い部分の面積を求めましょう。〔　　　　〕

入試レベルの問題①

答え → 別冊3ページ
時間30分　合格点70点

得点　　　／100

1 右の図の色をつけた部分について，次の問いに答えなさい。

[各10点…合計20点]

(1) 面積を求めなさい。　　　〔　　　　　〕
(2) まわりの長さを求めなさい。　〔　　　　　〕

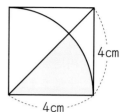

4cm
4cm

2 右の図のようなトラックがあります。　[各10点…合計20点]

(1) まわりの長さは，何mでしょう。　〔　　　　　〕
(2) トラックの中の面積は，何m²でしょう。　〔　　　　　〕

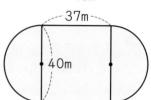

37m
40m

3 1辺が10cmの正方形と半円を組み合わせた下の(ア)～(オ)の図について，次の(1)，(2)の問いに答えなさい。　[各10点…合計20点]

(ア)　　　(イ)　　　(ウ)　　　(エ)　　　(オ)

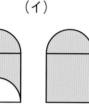 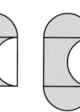 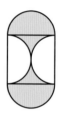

(1) 色の部分のまわりの長さがもっとも長いものを選んで，記号で答えましょう。

〔　　　　　〕

(2) (オ)の色の部分の面積を求めましょう。

〔　　　　　〕

4 下の図の色をつけた部分の面積を求めましょう。　[各10点…合計40点]

(1)

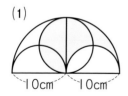

10cm　10cm

〔　　　　　〕

(2)

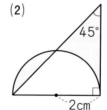

45°
2cm

〔　　　　　〕

(3)

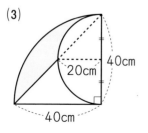

40cm
20cm
40cm

〔　　　　　〕

(4)

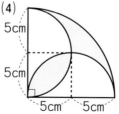

5cm
5cm
5cm　5cm

〔　　　　　〕

入試レベルの問題②

得点 ／100

1 次の図の色をつけた部分の面積を求めましょう。　[各5点…合計30点]

(1)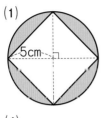
5cm

(2)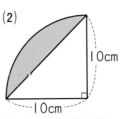
10cm
10cm

(3)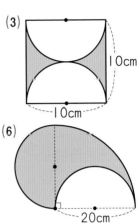
10cm
10cm

(4)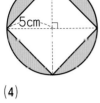
10cm　20cm

(5)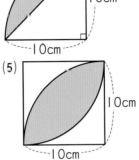
10cm
10cm

(6)
20cm

(1) 〔　　　　〕	(2) 〔　　　　〕	(3) 〔　　　　〕
(4) 〔　　　　〕	(5) 〔　　　　〕	(6) 〔　　　　〕

2 右の(図ア)は直径が10cmの円の中に正方形をかいたものです。この図を2つ用いて，正方形の1つの辺が重なるようにしてつくったのが(図イ)です。次の問いに答えましょう。　[各15点…合計30点]

(図ア)　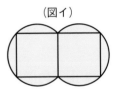(図イ)

(1) (図イ)の青い部分のまわりの長さを求めましょう。
〔　　　　　　〕

(2) (図イ)の青い部分の面積を四捨五入によって，小数第1位まで求めましょう。
〔　　　　　　〕

3 右の図は，1辺が10cmの正方形の内側に円をかいてつくった図形です。色をつけた部分のまわりの長さと面積を求めましょう。　[各10点…合計20点]

まわり〔　　　　〕　面積〔　　　　〕

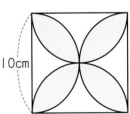
10cm

4 右の図のような家の一角に長さ25mのロープで，牛がつながれています。この牛が草を食べることができる土地の面積を求めなさい。　[20点]

〔　　　　　　〕

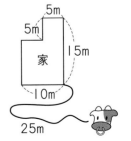
5m
5m
15m
家
10m
25m

いくつありますか

答え → 150ページ

次の図の中に，かくれた図形を数え落としや重なりがないようにさがしましょう。

① 正三角形はいくつあるでしょう。

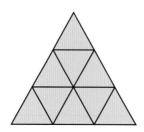

② 正方形はいくつあるでしょう。

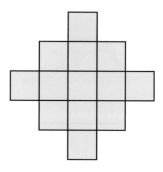

③ 正三角形はいくつあるでしょう。

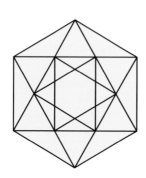

④ 長方形はいくつあるでしょう。

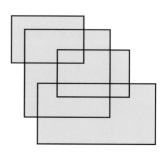

⑤ 平行四辺形はいくつあるでしょう。

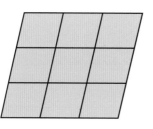

2 文字と式

☆ 数量を表す式・関係を表す式

▶ いろいろに変わる数や量のかわりに，文字 a や x などを使って，数量や数量の関係を式に表すことができる。

例 正方形のまわりの長さ

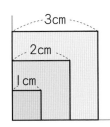

1辺の長さ(cm)	まわりの長さ(cm)
1	1×4
2	2×4
3	3×4

1辺の長さを a cmとすると，まわりの長さは

$$a \times 4 \text{(cm)}$$

1辺の長さを a cm，まわりの長さを b cmとすると

$$a \times 4 = b$$

☆ x を使った式

▶ わからない数や量を x として，数量の関係を式に表し，x の値を求めることができる。

例 三角形の高さ

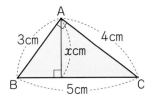

三角形ＡＢＣの面積は，底辺 3 cm，高さ 4 cmとみると

$$3 \times 4 \div 2 = 6 \text{(cm}^2\text{)}$$

底辺 5 cm，高さ x cm，面積 6 cm² だから

$$5 \times x \div 2 = 6$$
$$x = 6 \times 2 \div 5$$
$$x = 2.4$$

1 文字と式

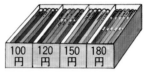

問題 1　数量を表す式

ひろしさんは，同じ値段のえん筆 6 本と，250 円の消しゴム 1 個を買います。えん筆は右の 4 種類の中から 1 種類を選んで買います。

(1)　えん筆の値段を 1 本 x 円として，ひろしさんがはらう代金を式に表しましょう。

(2)　x に 100，120，150，180 をあてはめて，それぞれの代金を求めましょう。

| 100 円 | 120 円 | 150 円 | 180 円 |

コーチ

● 値段や重さのように，いろいろに変わる数量のかわりに x や a などの文字を使って式に表すことができる。

● まず，ことばの式をつくって，文字とおきかえるとよい。

● 文字を使うと，数量がいろいろに変わっても 1 つの式で表せるので簡単である。

● 単位のあるものは，単位もつけておく。

考え方

(1)　代金＝（えん筆 6 本の代金）＋（消しゴム代）です。
えん筆 6 本の代金は $6×x$（円）です。

答　$x×6+250$（円）

(2)　この式の x に 100，120 などをあてはめます。
$100×6+250=850$（円）　　$120×6+250=970$（円）
$150×6+250=1150$（円）　　$180×6+250=1330$（円）

答　850 円，970 円，1150 円，1330 円

x にあてはめた数 100，120 などを x の値といいます。

問題 2　関係を表す式

12 本のマッチ棒を全部使って，長方形を 1 つつくります。
縦に x 本使うと，横は何本になるでしょう。
縦 x 本，横 y 本として x と y の関係を式に表しましょう。

コーチ

● いろいろに変わる数や量の間の関係も，x や y を使って式に表すことができる。

● 等号（＝）や不等号（＞，＜）を使って表すので，単位はそろえるが，単位は書かない。

考え方

まず，ことばの式をつくって，ことばのかわりに x と y を使った式に書きなおしましょう。

右の図のように，長方形には縦の辺，横の辺がそれぞれ 2 つずつあるので
（縦の本数）×2＋（横の本数）×2＝12
x と y を使うと　$x×2+y×2=12$
縦と横の 1 辺ずつで考えれば　$x+y=6$　になります。
横の本数は（6－縦の本数）です。

答　$y=6-x$

いろいろに変わる数量を x などの文字で表し，式をつくる。
わからない数量を x で表し，x を使った式をつくって問題を解く。

問題3 x を使った式(1)

１個230円のケーキを６個買って
箱につめてもらったら1500円になりました。
箱代はいくらでしょう。

コーチ

● x を使って解く方法
① わからない数量（求めたい数量）を x とする。
② 数量の関係を x を使った式に表す。
③ つくった式の x にあてはまる数を求める。

考え方

箱代を x 円として，代金1500円になる式をつくります。
（ケーキ６個の代金）＋箱代＝代金 ですから
$$\underbrace{230×6}_{1380}+ x =1500$$

x に1380をたして1500になったのですから，x を求めるには
$$x =1500-1380$$
$$x =120$$
答 120円

もっとくわしく

問題に「x を使って…」と書いてなくても，x を使った式をつくって，答えを求めてよいのです。

問題4 x を使った式(2)

図のような台形ＡＢＣＤの面積をＢを通る直線で２等分すると，ＣＥの長さが４cmになりました。
(1) 台形ＡＢＣＤの面積は何cm²でしょう。
(2) ＤＥの長さは何cmでしょう。

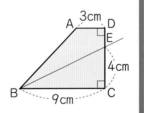

コーチ

● x の求め方
基本になるのは，次のようなタイプである。
$x + a = b$
→ $x = b - a$
$x - a = b$
→ $x = b + a$
$a - x = b$
→ $x = a - b$
$x × a = b$
→ $x = b ÷ a$
$x ÷ a = b$
→ $x = b × a$
$a ÷ x = b$
→ $x = a ÷ b$

考え方

(1) 台形の面積は三角形ＥＢＣの面積の２倍です。
$9×4÷2=18$, $18×2=36$ 答 36cm²

(2) ＤＥ＝ x cmとすると，台形の高さは$(x+4)$cm，
面積は36cm²なので，$(3+9)×(x+4)÷2=36$
$(3+9)÷2=6$なので $6×(x+4)=36$
$(x+4)$に6をかける前は $(x+4)=36÷6$
$$x+4=6$$
$$x =6-4$$
$$x =2$$
答 2cm

教科書のドリル

答え → 別冊4ページ

❶ 〔数量を表す式〕

次の数量を式で表しましょう。

(1) 1mが a gの針金 4 mの重さ
(　　　　　) g

(2) 6 本で a 円のえん筆 1 本の値段
(　　　　　) 円

(3) 縦0.9m, 横 x mの長方形の板の面積
(　　　　　) m²

(4) 11才の弟より x 才年上の姉の年令
(　　　　　) 才

(5) 1 冊 a 円のノート 5 冊を買って, 1000円出したときのおつり
(　　　　　) 円

❷ 〔関係を表す式〕

次の数量の関係を式に表しましょう。

(1) 5 kgの米を毎日 a kgずつ食べていったら, x 日でちょうどなくなった。
(　　　　　)

(2) a と 3 の和は, b と 5 の積に等しい。
(　　　　　)

(3) 縦 x cm, 横 6 cm, 高さ 4 cmの直方体の体積は120cm³になった。
(　　　　　)

(4) 底辺 x cm, 高さ 6 cmの三角形の面積は y cm²です。
(　　　　　)

(5) 3 回のテストの平均点は a 点で, 4 回目に x 点とれば, 平均点が 5 点上がる。
(　　　　　)

❸ 〔 x を使った式〕

わからない数を x として, 式をつくりましょう。

(1) まわりの長さが60cmの長方形を, まん中で折り重ねたら正方形になりました。正方形の 1 辺の長さは何cmでしょう。
(　　　　　)

(2) 底辺が10cmで面積が35cm²の平行四辺形の高さは何cmでしょう。
(　　　　　)

(3) ある数に21をかけるところを, 12をかけてしまったので, 答えが45小さくなりました。ある数はいくつでしょう。
(　　　　　)

❹ 〔 x の求め方〕

次の式で, x の表す数を求めましょう。

(1) $x + 1.8 = 3.5$　(2) $26 + x = 51$

(3) $x - 24 = 79$　(4) $28 \times x = 42$

(5) $x \times 38 = 19$　(6) $x \div 16 = 25$

❺ 〔 x を使って解く〕

x を使った式をつくって, 答えを出しましょう。

(1) 52をある数でわると商が 6, あまりが 4 になります。
(　　　　　)

(2) 1 個320円のケーキを何個か買って80円の箱につめると2000円になりました。ケーキを何個買ったでしょう。
(　　　　　)

テストに出る問題

答え → 別冊5ページ
時間30分　合格点80点

得点　／100

1 次の数量を式で表しましょう。［各10点…合計40点］

(1) 36人の学級で a 人が欠席したときの出席者の人数

［　　　　］

(2) 1個 x 円のりんごを6個買って，300円のかごにつめてもらったときの代金

［　　　　］

(3) 色紙 a 枚を3人で同じ数ずつ分けたときの1人分の枚数

［　　　　］

(4) 上底と下底の和が a cmで，高さが9cmの台形の面積

［　　　　］

2 次の数量の関係を表した式を右の□の中から選び，記号で答えましょう。［各10点…合計20点］

(1) 60gの箱に，1個 x gの石けんを6個入れて重さをはかったら5kgになった。

［　　］

(2) 6回目までのテストの合計点は x 点で，その平均点は，7回目の点数60点より5点低い。

［　　］

㋐ $x \times 6+5=60$
㋑ $x \times 6 \div 5=60$
㋒ $x \times 6+60=5$
㋓ $x \div 6+5=60$
㋔ $x \times 6+60=5000$

3 次の式で，x の表す数を求めましょう。［各10点…合計20点］

(1) $x \times 5.2-1.2=19.6$　　(2) $1200-8 \times x=1000$

4 x を使った式をつくり，答えを出しましょう。［各10点…合計20点］

(1) ひろしさんの組の人数は38人です。1つの長いすに4人ずつかけていくと，すわれない人が2人出ました。長いすはいくつあったのでしょう。

［　　　　］

(2) 国語，社会，理科の3科目のテストの平均点は75点です。算数のテストも入れると平均点が80点になります。算数のテストは何点だったのでしょう。

［　　　　］

入試レベルの問題①

答え → 別冊6ページ
時間30分　合格点70点

得点　／100

1 次の数量を式で表しましょう。[各10点…合計30点]

(1) 上底が 5 cm，下底が x cm，高さが 3 cmの台形の面積

〔　　　　　　　　　〕

(2) 1ダースで x 円のえん筆を 5 本買ったときの代金

〔　　　　　　　　　〕

(3) 周囲の長さが x cmで，横の長さが 3 cmの長方形の縦の長さ

〔　　　　　　　　　〕

2 子ども会で，15人の子どもに同じ数ずつ配るために，あめを用意しました。その日，3人欠席したので，出席者には，はじめの予定より 2 個ずつ多く配ることができました。はじめに 1 人 x 個ずつ配る予定であったとして，x の表す数を求めましょう。[10点]

〔　　　　　　　　　〕

3 ある数を 2 倍して 7 を加えて，さらに 3 をかける計算をあやまって，ある数に 7 を加えて 2 倍し，さらに 3 でわったので，答えは24になりました。
ある数を x として，ある数を求める式をつくりなさい。また，正しく計算したときの答えを求めなさい。[各10点…合計20点]

式〔　　　　　　　　　〕　正しい答え〔　　　　　　　　　〕

4 右の図のような長方形の土地があります。Bの土地はAの土地よりも40cm高くなっています。Bの土地をけずってAにのせ，A，Bの土地を平らにします。
Bの土地を何cmけずればよいでしょう。[20点]

〔　　　　　　　　　〕

5 1本の値段が50円のえん筆と100円のえん筆を何本か買い，2000円はらいました。50円のえん筆の本数は，100円のえん筆の本数の 3 倍でした。
100円のえん筆は何本買いましたか。[20点]

〔　　　　　　　　　〕

入試レベルの問題②

① りんごが a 個，バナナが b 個あり，おのおの1個あたりの値段を x 円，y 円とします。それらを組み合わせた全体の値段を P 円とするとき，次の□に，a，b，x，y，P，（，），＋，－，×，÷のうち適当なものを入れなさい。[各10点…合計40点]

(1) P を表す式は　　　　　　　　　　$P = a × x$ □□□

(2) y が x の2倍であるとき　　　　$P = $（□□＋2□□）$× x$

(3) y が x より200円高いとき　　　$P = a × x + b × x$ □□200

(4) y が300円のとき，b を求める式は　$b = $□□$- a × x$ □□300

② 右の図は，ある土地を真上から見たものです。A，Bどちらも平らな土地で，AはBより80cm高くなっています。[各15点…合計30点]

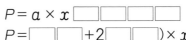

(1) Aの土をBに移して全体を平らにするには，Aの土を何cmけずればよいでしょう。

〔　　　　　　〕

(2) 全体を平らにしたあと，さらにAの土をBに移して，BをAより1m高くするには，Aの土をあと何cmけずればよいでしょう。

〔　　　　　　〕

③ Nさんは毎日55ページずつ本を読みます。TさんはNさんより40ページ先に読んでいましたが，4日間でNさんに追いつかれました。Tさんは毎日□ページずつ読みました。□にあてはまる数を求めましょう。[10点]

〔　　　　　　〕

④ 兄と弟の1か月のこづかいの合計は2000円です。兄の4か月分のこづかいと弟の6か月分のこづかいを合わせたら，ちょうど9500円のゲームを買うことができました。兄，弟の1か月のこづかいはそれぞれいくらでしょう。[各10点…合計20点]

兄〔　　　　　〕　弟〔　　　　　〕

約束を決めて

例題 約束による計算

$a*b = a \times a + 2 \times b$ と約束します。
この約束にしたがって、次の □ にあてはまる数を求めなさい。

(1) $3*5=$ □

(2) $5*$ □ $=27$

(3) $4*(6*$ □ $)=90.8$

計算についての問題の中には、ある計算のしかたについての約束が、いろいろな記号や形で示されているものがある。

このような問題は、示されている約束にしたがって、ふつうの計算になおして考えることがたいせつである。

 考え方 約束は、*の前の数はその数の積、*のあとの数は2との積をつくって、その和を求めなさいということです。
(1)、(2)、(3)の順に考えましょう。

(1) $3*5=3\times3+2\times5=19$

答 19

(2) 等式 $5\times5+2\times$ □ $=27$ で、□にあたる数を求めます。
$25+2\times$ □ $=27 \longrightarrow 2\times$ □ $=27-25$
$2\times$ □ $=2$
□ $=1$

答 1

(3) $6*$ □ を ◯ とすると、$4*◯=90.8$
等式 $4\times4+2\times◯=90.8$ で、◯にあたる数を求めます。
$16+2\times◯=90.8 \longrightarrow ◯=(90.8-16)\div2$
$=37.4$
◯が37.4だから、$6*$ □ $=37.4$
$6\times6+2\times$ □ $=37.4 \longrightarrow$ □ $=(37.4-36)\div2$
$=0.7$

答 0.7

3 分数のかけ算とわり算

☆ 分数のかけ算のしかた

▶ **分数×整数**　$\dfrac{b}{a} \times c = \dfrac{b \times c}{a}$

例　$\dfrac{3}{5} \times 2 = \dfrac{3 \times 2}{5}$　← 分子にかける

▶ **整数×分数**　$a \times \dfrac{c}{b} = \dfrac{a \times c}{b}$

例　$3 \times \dfrac{2}{5} = \dfrac{3 \times 2}{5}$　← 分子にかける

▶ **分数×分数**　$\dfrac{b}{a} \times \dfrac{d}{c} = \dfrac{b \times d}{a \times c}$

例　$\dfrac{2}{5} \times \dfrac{3}{7} = \dfrac{2 \times 3}{5 \times 7}$　分子どうし，分母どうしをかける

☆ 分数のわり算のしかた

▶ **分数÷整数**　$\dfrac{b}{a} \div c = \dfrac{b}{a \times c}$

例　$\dfrac{3}{5} \div 2 = \dfrac{3}{5 \times 2}$　← 分母にかける

▶ **整数÷分数**　$a \div \dfrac{c}{b} = \dfrac{a \times b}{c}$

例　$3 \div \dfrac{2}{5} = \dfrac{3 \times 5}{2}$

▶ **分数÷分数**　$\dfrac{b}{a} \div \dfrac{d}{c} = \dfrac{b \times c}{a \times d}$

例　$\dfrac{2}{5} \div \dfrac{3}{7} = \dfrac{2 \times 7}{5 \times 3}$　← 分母と分子を入れかえた分数(逆数)をかける

計算のきまりは分数でもなりたつ。

☆ 割合を使った問題の考え方

全体を1とみて，分数で表された割合を使う。

例　5mのリボンの$\dfrac{2}{3}$を使う。全体を1とすると，残りのリボンの割合は$1 - \dfrac{2}{3}$。

1 分数のかけ算・わり算

問題1 分数 × 整数

1dL のペンキで, かべが $\frac{4}{5}$ m²
ぬれます。このペンキ 3dL では,
何 m² のかべをぬることができる
でしょう。

コーチ

● 分数×整数の計算は

分子にかける
$$\frac{\triangle}{\bullet} \times \blacksquare = \frac{\triangle \times \blacksquare}{\bullet}$$

分数×整数の場合,
整数は分子にかけ
るのよ。

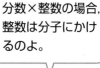

考え方　（1dL でぬれる面積）×（ペンキの量）＝（ぬれる面積）
の式にあてはめて, $\frac{4}{5} \times 3$ で求めます。

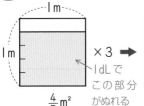

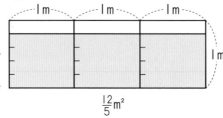

$$\frac{4}{5} \times 3 = \frac{4 \times 3}{5} = \frac{12}{5} = 2\frac{2}{5}$$

答 $2\frac{2}{5}$ m²

問題2 分数 ÷ 整数

トラクターで, $\frac{4}{5}$ ha の田を 3 時間で
耕しました。
このトラクターが 1 時間に耕すことので
きる面積は何 ha でしょう。

コーチ

● 分数÷整数の計算は

$$\frac{\triangle}{\bullet} \div \blacksquare = \frac{\triangle}{\bullet \times \blacksquare}$$

分母にかける

分数÷整数の場合,
整数は分母にかけ
るよ。

考え方　（耕した面積）÷（かかった時間）＝（1 時間あたりの面積）
の式にあてはめて, $\frac{4}{5} \div 3$ で求めます。

1 時間で耕せる面積は, $\frac{4}{5}$ ha の $\frac{1}{3}$ です。

図より, これは $\frac{1}{5}$ を 3 でわった 1
つ分, すなわち $\frac{1}{15}$ ha の 4 つ分
だから, $\frac{4}{15}$ (ha) になります。

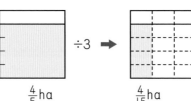

$$\frac{4}{5} \div 3 = \frac{4}{5 \times 3} = \frac{4}{15}$$

答 $\frac{4}{15}$ ha

 たいせつ ポイント　分数 × 整数　$\dfrac{\triangle}{\bullet} \times \blacksquare = \dfrac{\triangle \times \blacksquare}{\bullet}$　　　分数 ÷ 整数　$\dfrac{\triangle}{\bullet} \div \blacksquare = \dfrac{\triangle}{\bullet \times \blacksquare}$

問題 3　帯分数のまじった計算

次の計算をしましょう。

(1)　$1\dfrac{1}{2} \times 6$　　　　(2)　$1\dfrac{3}{5} \div 4$

 考え方　帯分数のまじった分数のかけ算・わり算では，帯分数は仮分数になおして計算します。
約分できるものは約分し，答えは帯分数になおしておきます。

(1)　$1\dfrac{1}{2} \times 6 = \dfrac{3}{2} \times 6 = \dfrac{3 \times \overset{3}{\cancel{6}}}{\underset{1}{\cancel{2}}} = 9$　…答

(2)　$1\dfrac{3}{5} \div 4 = \dfrac{8}{5} \div 4 = \dfrac{\overset{2}{\cancel{8}}}{5 \times \underset{1}{\cancel{4}}} = \dfrac{2}{5}$　…答

 コーチ

● 帯分数のふくまれた分数の計算は，仮分数になおして計算する。と中で約分できる場合は約分する。

● $1\dfrac{1}{2} = 1 + \dfrac{1}{2}$ だから，
$1\dfrac{1}{2} \times 6$
$= 1 \times 6 + \dfrac{1}{2} \times 6$

とも考えられる。
整数部分・分数部分の両方に 6 をかける。

問題 4　分数のかけ算・わり算を使った問題

さやかさんのもっているリボンは 2m で $\dfrac{3}{4}$ g，えみりさんのもっているリボンは 5m で $\dfrac{15}{4}$ g でした。さやかさんのリボン 4m とえみりさんのリボン 1m を合わせた重さは何 g でしょうか。

 コーチ

● たし算・ひき算とかけ算・わり算のまじった計算では，整数のときと同じように，かけ算・わり算をたし算・ひき算より先に計算する。

 考え方　図でかくと，次のようになるので，式は
$\dfrac{3}{4} \times 2 + \dfrac{15}{4} \div 5$　となります。

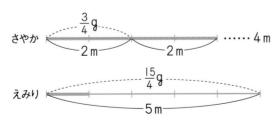

さやか　$\overset{\frac{3}{4}g}{\overbrace{\qquad\qquad}}$ ……4m
　　　　$\underset{2m}{\underbrace{\qquad}}\ \underset{2m}{\underbrace{\qquad}}$

えみり　$\overset{\frac{15}{4}g}{\overbrace{\qquad\qquad\qquad}}$
　　　　$\underset{5m}{\underbrace{\qquad\qquad\qquad}}$

約分できるものは先に約分しましょうね！

$\dfrac{3}{4} \times 2 + \dfrac{15}{4} \div 5 = \dfrac{3 \times \overset{1}{\cancel{2}}}{\underset{2}{\cancel{4}}} + \dfrac{\overset{3}{\cancel{15}}}{4 \times \underset{1}{\cancel{5}}} = \dfrac{3}{2} + \dfrac{3}{4} = \dfrac{6+3}{4} = \dfrac{9}{4} = 2\dfrac{1}{4}$

答　$2\dfrac{1}{4}$ g

教科書のドリル

答え → 別冊7ページ

1 〔分数 × 整数〕

次の計算をしましょう。
答えが 1 より大きい分数になる場合は帯分数で答えましょう。

(1) $\dfrac{2}{5} \times 2$ （　　　　　）

(2) $\dfrac{3}{7} \times 6$ （　　　　　）

(3) $\dfrac{2}{5} \times 15$ （　　　　　）

(4) $2\dfrac{1}{3} \times 18$ （　　　　　）

2 〔分数 ÷ 整数〕

次の計算をしましょう。

(1) $\dfrac{4}{15} \div 2$ （　　　　　）

(2) $\dfrac{8}{15} \div 4$ （　　　　　）

(3) $\dfrac{12}{5} \div 3$ （　　　　　）

(4) $4\dfrac{1}{5} \div 7$ （　　　　　）

3 〔分数のかけ算の応用問題〕

ありささんは，1m の重さが $\dfrac{25}{8}$ g のリボンを 3m もっています。何 g もっていますか。

（　　　　　）

4 〔分数のかけ算の応用〕

はるかさんは 1 時間に $\dfrac{5}{6}$ m 編める編み機で編み物をしています。3 時間では何 m 編めるでしょうか。ただし，いつも同じ速さで編めるとします。

（　　　　　）

5 〔分数のわり算の応用問題〕

たまきさんの水とうには $\dfrac{6}{7}$ L のお茶が入っています。このお茶を 4 人で同じ量ずつ分けると，1 人あたり何 L のお茶をもらえますか。

（　　　　　）

6 〔分数のかけ算・わり算の応用問題〕

$\dfrac{5}{7}$ L のジュースが入っているびんが 3 本あります。これを 4 人で同じ量ずつ分けるとすると，1 人あたり何 L ずつもらえますか。

（　　　　　）

7 〔分数のかけ算・わり算の応用問題〕

下の □ に 1 から 20 までの整数を入れて計算をします。積や商が整数になるのはどんな数を入れたときですか。すべて答えましょう。

(1) $\dfrac{11}{3} \times \square$

（　　　　　）

(2) $\dfrac{3}{2} \div \square$

（　　　　　）

テストに出る問題

1 次の計算をしましょう。　　　　　　　　　　　　　　[各5点…合計30点]

(1) $\dfrac{4}{5} \times 20$

〔　　　　　　　　〕

(2) $\dfrac{13}{6} \times 15$

〔　　　　　　　　〕

(3) $\dfrac{8}{15} \div 12$

〔　　　　　　　　〕

(4) $\dfrac{25}{63} \div 15$

〔　　　　　　　　〕

(5) $4\dfrac{1}{3} \times 15$

〔　　　　　　　　〕

(6) $3\dfrac{3}{7} \div 12$

〔　　　　　　　　〕

2 次のものを求めましょう。　[各10点…合計30点]

(1) 底辺が $4\dfrac{1}{5}$ cm, 高さが 6cm の平行四辺形の面積

〔　　　　　　　　〕

(2) 対角線の長さが $5\dfrac{1}{2}$ cm と 3cm であるひし形の面積

〔　　　　　　　　〕

(3) 面積が $3\dfrac{1}{2}$ cm², 縦が 3cm である長方形の横の長さ

〔　　　　　　　　〕

3 次の答えを求めましょう。　[各20点…合計40点]

(1) はづきさんは, $22\dfrac{4}{5}$ g のさとうを同じ重さずつ 4 つに
分けて, 1 まいの重さが $75\dfrac{1}{2}$ g のお皿に入れました。さ
とうのお皿ごとの重さは何 g ですか。

〔　　　　　　　　〕

(2) 面積が $12\dfrac{4}{13}$ cm² である平行四辺形があります。この平行四辺形の底辺の長さが 8cm
であるとき, 高さは何 cm ですか。

〔　　　　　　　　〕

2 分数のかけ算

 問題1 分数×分数

1dLのペンキで，かべが$\frac{4}{5}$m²ぬれます。このペンキ$\frac{2}{3}$dLでは，何m²のかべをぬることができるでしょう。

コーチ

分子どうしをかける

$$\frac{b}{a} \times \frac{d}{c} = \frac{b \times d}{a \times c}$$

分母どうしをかける

考え方 （1dLでぬれる面積）×（ペンキの量）＝（ぬれる面積）

の式にあてはめて，$\frac{4}{5} \times \frac{2}{3}$で求めます。

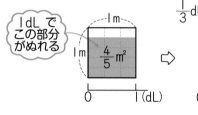

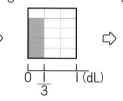

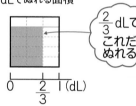

$$\frac{4}{5} \times \frac{2}{3} = \frac{4 \times 2}{5 \times 3} = \frac{8}{15}$$

答 $\frac{8}{15}$m²

 問題2 整数×分数・分数×整数

次の計算をしましょう。

(1) $4 \times \frac{5}{6}$

(2) $\frac{3}{4} \times 8$

コーチ

$$a \times \frac{c}{b} = \frac{a}{1} \times \frac{c}{b}$$

分母が1の分数と考えて計算する

$$\frac{b}{a} \times c = \frac{b}{a} \times \frac{c}{1}$$

考え方 整数は，分母が1の分数になおして計算します。

(1) $4 \times \frac{5}{6} = \frac{4}{1} \times \frac{5}{6} = \frac{4 \times 5}{1 \times 6} = \frac{20}{6} = \frac{10}{3} = 3\frac{1}{3}$ …… 答

(2) $\frac{3}{4} \times 8 = \frac{3}{4} \times \frac{8}{1} = \frac{3 \times 8}{4 \times 1} = \frac{24}{4} = 6$ …… 答

分数計算のコツは，約分をうまく使うこと。

 もっとくわしく 下のように書いて，とちゅうで約分すると簡単です。

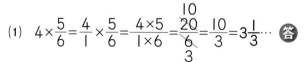

(1) $4 \times \frac{5}{6} = \frac{4 \times 5}{6} = \frac{10}{3} = 3\frac{1}{3}$ (2) $\frac{3}{4} \times 8 = \frac{3 \times 8}{4} = 6$

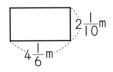

たいせつポイント 分数どうしのかけ算では，分子どうし，分母どうしをかける。整数は分母が１の分数と考えて，同じように計算する。

 問題3 帯分数のかけ算

縦が$2\frac{1}{10}$m，横が$4\frac{1}{6}$mの長方形の面積は何m²でしょう。

● コーチ
帯分数のかけ算では，帯分数を仮分数になおして，真分数どうしのかけ算と同じ方法で計算すればよい。

考え方 面積を求める公式にあてはめ，$2\frac{1}{10}\times4\frac{1}{6}$で求めます。

$$2\frac{1}{10}\times4\frac{1}{6}=\frac{21}{10}\times\frac{25}{6}=\frac{\overset{7}{21}\times\overset{5}{25}}{\underset{2}{10}\times\underset{2}{6}}=\frac{35}{4}=8\frac{3}{4}$$

答 $8\frac{3}{4}$m²

 問題4 割合を表す分数とかけ算

(1) １時間の$\frac{3}{4}$は，何分でしょう。

(2) まさ子さんの家で去年とれた麦は630kgで，今年は去年より，その$\frac{2}{7}$だけ多くとれました。今年とれた麦は，何kgだったでしょう。

● コーチ
１時間の$\frac{3}{4}$倍や，630kgの$\frac{2}{7}$倍のように分数倍することを，
１時間の$\frac{3}{4}$
630kgの$\frac{2}{7}$
のように表す。

考え方 (1) １時間は60分ですから，60分の$\frac{3}{4}$倍を求めます。

$$60\times\frac{3}{4}=\frac{\overset{15}{60}\times3}{\underset{1}{4}}=45$$

答 45分

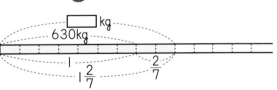

(2) 630kgの$\frac{2}{7}$の重さを求め，去年のとれた量にたします。

$$630\times\frac{2}{7}=\frac{\overset{90}{630}\times2}{\underset{1}{7}}=180 \quad 630+180=810$$

答 810kg

図をかいたほうがわかりやすい。

 別の考え方 去年とれた量を１とみると，今年とれた量は$1+\frac{2}{7}$で

$$630\times\left(1+\frac{2}{7}\right)=\frac{\overset{90}{630}\times9}{\underset{1}{7}}=810$$

答 810kg

教科書のドリル

答え → 別冊9ページ

① 〔分数×分数〕
次の計算をしましょう。

(1) $\dfrac{3}{7} \times \dfrac{3}{4}$

(2) $\dfrac{3}{4} \times \dfrac{1}{6}$

(3) $\dfrac{5}{6} \times \dfrac{2}{7}$

(4) $\dfrac{4}{9} \times \dfrac{3}{10}$

② 〔分数×整数・整数×分数〕
次の計算をしましょう。

(1) $\dfrac{2}{5} \times 2$

(2) $\dfrac{5}{6} \times 9$

(3) $3 \times \dfrac{2}{7}$

(4) $42 \times \dfrac{2}{3}$

③ 〔分数のかけ算〕
次の計算をしましょう。

(1) $1\dfrac{2}{7} \times \dfrac{5}{6}$

(2) $\dfrac{4}{5} \times 2\dfrac{2}{5}$

(3) $5\dfrac{1}{3} \times 2\dfrac{3}{4}$

(4) $\dfrac{4}{5} \times \dfrac{2}{3} \times \dfrac{3}{8}$

(5) $\dfrac{1}{2} \times \dfrac{7}{6} \times \dfrac{9}{14}$

④ 〔分数のかけ算の応用〕
よしこさんはリボンを買いに行って，1mの値段が280円のリボンを$\dfrac{3}{4}$m買いました。何円はらえばよいでしょう。

(　　　　　　)

⑤ 〔分数のかけ算の応用〕
米1kgの中には，でんぷんが約$\dfrac{3}{4}$kgふくまれています。$4\dfrac{4}{5}$kgの米の中には，約何kgのでんぷんがふくまれているでしょう。

(　　　　　　)

⑥ 〔分数のかけ算の応用〕
1ぱい$\dfrac{4}{5}$dLのコップで水を入れると$6\dfrac{2}{3}$はいでいっぱいになる水とうがあります。

(1) この水とうには水が何dL入るでしょう。

(　　　　　　)

(2) この水とうに，全体の$\dfrac{3}{8}$まで水を入れます。何dLの水を入れればよいでしょう。

(　　　　　　)

テストに出る問題

答え → 別冊9ページ
時間20分　合格点80点

得点　／100

1 次の計算をしましょう。 [各5点…合計40点]

(1) $20 \times \dfrac{4}{5}$

(2) $2\dfrac{1}{6} \times 3$

(3) $\dfrac{4}{7} \times \dfrac{3}{8}$

(4) $1\dfrac{1}{3} \times \dfrac{1}{4}$

(5) $1\dfrac{5}{7} \times 2\dfrac{1}{3}$

(6) $\dfrac{5}{6} \times \dfrac{4}{5}$

(7) $\dfrac{3}{4} \times \dfrac{1}{6}$

(8) $1\dfrac{1}{8} \times \dfrac{4}{15}$

2 下の図のような長方形と平行四辺形の面積を求めましょう。 [各15点…合計30点]

(1)

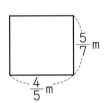

$\dfrac{5}{7}$ m

$\dfrac{4}{5}$ m

〔　　　　　〕

(2)

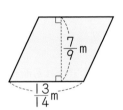

$\dfrac{7}{9}$ m

$\dfrac{13}{14}$ m

〔　　　　　〕

3 次の答えを求めましょう。 [各15点…合計30点]

(1) お金を1000円もっていました。その$\dfrac{3}{5}$のお金で絵の具を買いました。お金は何円残っているでしょう。

〔　　　　　〕

(2) 空気1m³の中には，約$\dfrac{1}{5}$m³の酸素がふくまれています。

容積$3\dfrac{3}{4}$m³の箱の中の空気には，約何m³の酸素がふくまれているでしょう。

〔　　　　　〕

③ 分数のわり算

問題 1　分数÷分数

$\dfrac{2}{5}$ m²のかべを$\dfrac{3}{4}$dLのペンキでぬれます。

このペンキ1dLで何m²のかべをぬることができるでしょう。

 コーチ

● 2つの数の積が1になるとき，一方の数が他方の数の逆数になる。

― 逆 数 ―
$$\dfrac{b}{a} \diagdown \dfrac{a}{b}$$
分母と分子を入れかえる

 考え方　(ぬれる面積)÷(ペンキの量)=(1dLでぬれる面積)

の式にあてはめて，$\dfrac{2}{5} \div \dfrac{3}{4}$で求めます。

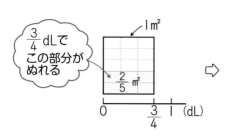

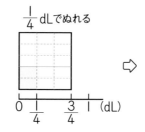

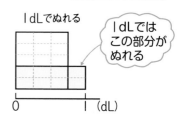

1dLでぬれる面積は，$\dfrac{1}{4}$dLでぬれる面積 $\left(\dfrac{2}{15}\text{m}^2\right)$ の4倍で，$\dfrac{8}{15}$m²です。

$$\dfrac{2}{5} \div \dfrac{3}{4} = \dfrac{2 \times 4}{5 \times 3} = \dfrac{8}{15}$$

1より小さい分数でわると，商はわられる数より大きくなる

答 $\dfrac{8}{15}$m²

● $\dfrac{b}{a} \div \dfrac{d}{c} = \dfrac{b}{a} \times \dfrac{c}{d}$
$= \dfrac{b \times c}{a \times d}$

わる分数の分母，分子を入れかえてかける

問題 2　帯分数や整数のわり算

次の計算をしましょう。

(1) $4\dfrac{1}{2} \div 1\dfrac{1}{5}$

(2) $6 \div \dfrac{4}{5}$

 コーチ

● 帯分数を仮分数になおすには，次のようにする。

 考え方　**帯分数は仮分数になおして計算します。**
整数は分母が1の分数と考えて計算します。

仮分数になおす

(1) $4\dfrac{1}{2} \div 1\dfrac{1}{5} = \dfrac{9}{2} \div \dfrac{6}{5} = \dfrac{9 \times 5}{2 \times 6} = \dfrac{15}{4} = 3\dfrac{3}{4}$

仮分数になおす

答 $3\dfrac{3}{4}$

分母と整数をかけて分子を加える
$$4\dfrac{1}{2} = \dfrac{2 \times 4 + 1}{2}$$
そのまま分母にする

(2) $6 \div \dfrac{4}{5} = \dfrac{6}{1} \div \dfrac{4}{5} = \dfrac{6 \times 5}{1 \times 4} = \dfrac{15}{2} = 7\dfrac{1}{2}$

分母が1の分数

答 $7\dfrac{1}{2}$

> 分数のかけ算・わり算のまじった式は，わる数の逆数をかける計算にします。
> 小数がある場合は，小数を分数になおして計算します。

問題3 割合を表す分数とわり算

びんにジュースが540mL入っています。

これはびん全体の $\dfrac{3}{4}$ にあたります。

びん全体では，何mL入るでしょう。

コーチ

● 「4kgは□kgの $\dfrac{2}{3}$ 倍」

というとき，

$□×\dfrac{2}{3}=4$ の式から

$□=4÷\dfrac{2}{3}$ として，

□にあたる数を求める。

考え方 全体の量の $\dfrac{3}{4}$ 倍が540mLですから，$□×\dfrac{3}{4}=540$ から

□にあたる数を求めます。

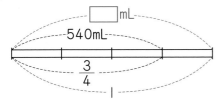

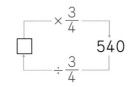

$□×\dfrac{3}{4}=540$ ですから，$□=540÷\dfrac{3}{4}$

$$540÷\dfrac{3}{4}=\dfrac{540×4}{3}=720$$

（答） 720mL

問題4 逆数と分数の計算

コーチ

● $\dfrac{3}{5}$ と $\dfrac{5}{3}$，$\dfrac{5}{4}$ と $\dfrac{4}{5}$ の

ように，分子と分母を

入れかえた数を，逆数

という。ある数でわる

には，その数の逆数を

かければよい。

次の計算をしましょう。

(1) $\dfrac{4}{5}÷\dfrac{3}{5}×\dfrac{3}{8}$ (2) $12÷8÷2.4$

考え方 小数と分数のまじった計算は，小数を分数になおして計算します。

● ある数 a の逆数は，

$1÷a$ の計算で求めら

れる。

(1) $\dfrac{4}{5}÷\dfrac{3}{5}×\dfrac{3}{8}=\dfrac{4}{5}×\dfrac{5}{3}×\dfrac{3}{8}=\dfrac{4×5×3}{5×3×8}=\dfrac{1}{2}$ （答） $\dfrac{1}{2}$

(2) 8の逆数は $\dfrac{8}{1}→\dfrac{1}{8}$，2.4の逆数は $\dfrac{24}{10}→\dfrac{10}{24}$ ですから

$12÷8÷2.4=\dfrac{12}{1}÷\dfrac{8}{1}÷\dfrac{24}{10}=\dfrac{12×1×10}{1×8×24}=\dfrac{5}{8}$ （答） $\dfrac{5}{8}$

教科書のドリル

答え → 別冊10ページ

❶ 〔分数÷分数〕
次の計算をしましょう。

(1) $\dfrac{6}{7} \div \dfrac{3}{8}$

(2) $\dfrac{8}{9} \div \dfrac{4}{3}$

(3) $\dfrac{3}{2} \div \dfrac{1}{2}$

(4) $\dfrac{5}{8} \div \dfrac{7}{4}$

❷ 〔分数÷整数，整数÷分数〕
次の計算をしましょう。

(1) $\dfrac{7}{9} \div 2$

(2) $\dfrac{9}{8} \div 6$

(3) $6 \div \dfrac{9}{10}$

(4) $90 \div \dfrac{3}{2}$

❸ 〔帯分数のわり算〕
次の計算をしましょう。

(1) $2\dfrac{5}{8} \div \dfrac{3}{5}$

(2) $\dfrac{5}{7} \div 2\dfrac{2}{3}$

(3) $1\dfrac{5}{7} \div 1\dfrac{1}{5}$

(4) $3\dfrac{3}{5} \div 1\dfrac{4}{5}$

❹ 〔3つの分数の計算〕
次の計算をしましょう。

(1) $\dfrac{2}{3} \div \dfrac{1}{6} \times \dfrac{1}{4}$

(2) $\dfrac{3}{8} \times \dfrac{4}{5} \div \dfrac{3}{5}$

❺ 〔棒の長さ〕
長さが $\dfrac{2}{3}$ mで，重さが $\dfrac{3}{5}$ kgの鉄の棒があります。
この棒1mの重さは何kgでしょう。

（　　　　　　）

❻ 〔くいの長さ〕
くいを土の中へ打ちこみました。地上に出ている長さは90cmで，くい全体の $\dfrac{2}{3}$ にあたります。
このくいの長さは何cmでしょう。

（　　　　　　）

❼ 〔本のページ〕
あきらさんとやすこさんが同じ本を読んでいます。あきらさんは全体の $\dfrac{1}{6}$，やすこさんは全体の $\dfrac{1}{5}$ 読みました。あきらさんが読んだのは25ページでした。

(1) この本は全体では，何ページの本でしょう。

（　　　　　　）

(2) やすこさんは何ページ読んだのでしょう。

（　　　　　　）

テストに出る問題

1 次の計算をしましょう。 [各5点…合計40点]

(1) $3 \div \dfrac{1}{2}$

(2) $\dfrac{10}{9} \div 4$

(3) $\dfrac{1}{8} \div \dfrac{3}{4}$

(4) $\dfrac{1}{4} \div \dfrac{5}{2}$

(5) $2\dfrac{2}{3} \div 5\dfrac{1}{3}$

(6) $\dfrac{3}{8} \div 7 \div \dfrac{3}{4}$

(7) $\dfrac{10}{9} \times \dfrac{1}{4} \div \dfrac{5}{8}$

(8) $2 \div \dfrac{4}{3} \times \dfrac{10}{3}$

2 次の長さを求めましょう。 [各15点…合計30点]

(1) 面積が $\dfrac{9}{16}$ ㎡の長方形をかきます。

縦を $\dfrac{3}{2}$ mとすると，横は何mにすればよいでしょう。

〔　　　　　〕

(2) 体積が $4\dfrac{2}{3}$ ㎥で，縦 4 m，横 $1\dfrac{5}{9}$ mの直方体があります。

この直方体の高さは何mでしょう。

〔　　　　　〕

3 次の答えを求めましょう。 [各15点…合計30点]

(1) 米が $\dfrac{4}{5}$ Lあります。この米の重さをはかったら，$\dfrac{2}{3}$ kg

ありました。この米１Lの重さは何kgでしょう。

〔　　　　　〕

(2) りんごを１箱買ってきました。その中からとなりへ８個

あげました。これはりんご全体の $\dfrac{2}{7}$ にあたります。

このりんご１箱は，何個入りだったのでしょう。

〔　　　　　〕

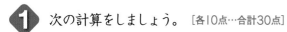

答え → 別冊12ページ
時間30分　合格点70点

1 次の計算をしましょう。 ［各10点…合計30点］

(1) $6 \div \dfrac{3}{2} \times 2$

(2) $3\dfrac{2}{5} \div \dfrac{1}{3} \times \dfrac{2}{17} \div \dfrac{3}{8}$

(3) $\left(2\dfrac{1}{4} - 1\dfrac{1}{8}\right) \times \dfrac{2}{3} + \dfrac{1}{2}$

2 次の問いに答えましょう。 ［各15点…合計30点］

(1) 米$4\dfrac{2}{5}$Lの重さをはかると$3\dfrac{2}{3}$kgあります。この米１Lの重さを求めましょう。

〔　　　　　〕

(2) ある船が$1\dfrac{1}{6}$km進む間に，そのエンジンは$1\dfrac{2}{5}$Lの燃料を必要としました。この船が同じように$2\dfrac{1}{2}$km進むときは，何Lの燃料が必要ですか。

〔　　　　　〕

3 Aさんのお年玉の$\dfrac{2}{5}$と，Bさんのお年玉の$\dfrac{3}{7}$が同じ金額です。Aさんのお年玉は4500円でした。Bさんのお年玉はいくらですか。 ［20点］

〔　　　　　〕

4 次の□にあてはまる数を求めましょう。 ［20点］

ある数の逆数に$\dfrac{4}{15}$をかけるのをまちがえて，ある数に$\dfrac{4}{15}$の逆数をかけたため，積が$4\dfrac{1}{2}$になりました。正しい計算をしたときの積は，まちがえて計算したときの積の□倍です。

〔　　　　　〕

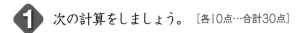

1 次の計算をしましょう。[各10点…合計30点]

(1) $\dfrac{9}{10} \div \dfrac{4}{15} \div 1\dfrac{7}{8}$

(2) $\dfrac{1}{2} \times \dfrac{6}{7} \div \dfrac{1}{7}$

(3) $\dfrac{1}{3} \times \dfrac{2}{7} + 0.25 \times \dfrac{2}{7}$

2 よしこさんは、おかしやさんに買物に行きました。初めに持っていたお金の $\dfrac{1}{4}$ でチョコレートを買いました。

次に、150円のキャンディを買い、残りのお金の $\dfrac{1}{3}$ でせんべいを買ったら、残りは600円になりました。よしこさんは初めにいくら持っていましたか。[20点]

〔　　　　　〕

3 たつおさんの家から学校までの道のりは495mです。これはみちこさんの家から学校までの道のりの $1\dfrac{4}{7}$ 倍です。また、ひろしさんの家から学校までの道のりは、みちこさんの家から学校までの道のりの $\dfrac{4}{5}$ です。

このとき、次の ☐ にあてはまる数を答えましょう。[各15点…合計30点]

(1) ひろしさんの家から学校までの道のりは ☐ mです。

〔　　　　　〕

(2) さちこさんの家から学校までの道のりは810mです。みちこさんの家から学校までの道のりは、さちこさんの家から学校までの道のりの ☐ 倍です。

〔　　　　　〕

4 ある長方形があります。その長方形の縦の長さをもとの $\dfrac{2}{3}$ 倍にして、横の長さをもとの $\dfrac{3}{5}$ だけのばすと長方形の面積は10cm² 大きくなります。 もとの長方形の面積は 何cm² だったかを求めなさい。[20点]

〔　　　　　〕

ふしぎな花

答え → 150ページ

ちょうのことばをきいて，その計算の答えを，右のようにはなびらの中に書き入れていきましょう。
いちばん下のはなびらの中の数は，どのようになるでしょう。

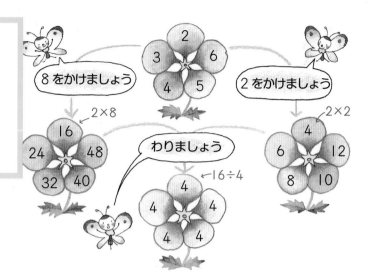

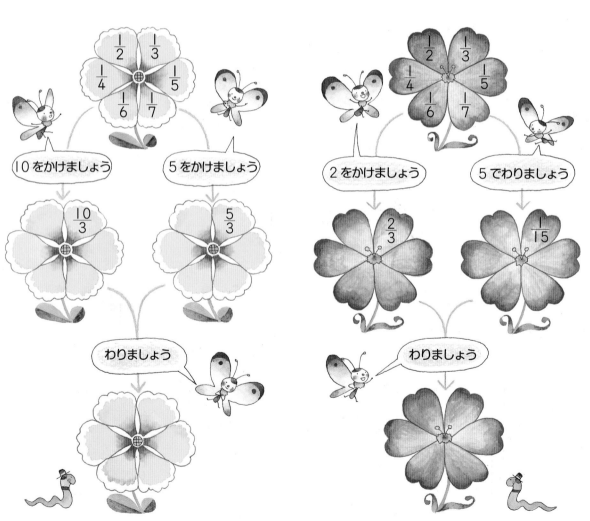

4 対称な図形

☆ 線対称で覚えておくこと

- ▶ **線対称** １つの直線を折り目にして２つ折りにしたとき，きちんと重なる形
- ▶ **対称の軸** 折り目にした直線
- ▶ **対応する点，辺** ２つ折りにしたとき，重なりあう点，辺
- ▶ **線対称な図形の性質** 対応する点を結ぶ直線は，対称の軸に垂直に交わり，対称の軸によって２等分される。

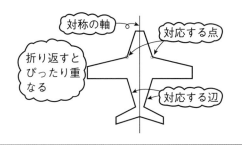

☆ 点対称で覚えておくこと

- ▶ **点対称** １つの点のまわりに180°回転したとき，もとの形にきちんと重なる形
- ▶ **対称の中心** 回転したときの中心
- ▶ **対応する点，辺** 180°回転したとき，重なりあう点，辺
- ▶ **点対称な図形の性質** 対応する点を結ぶ直線は，必ず対称の中心を通り，対称の中心によって２等分される。

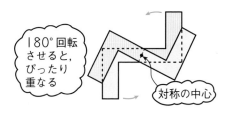

1 線対称な図形

問題 1　線対称の意味

紙を2つに折って, 右のような図形をかき, 線にそって切りぬきました。
できた図形には, どのような特ちょうがあるでしょう。

考え方　できた図形は, 右の図のように, 折り目の直線の右側と左側が同じ図形になっています。このような図形が**線対称な図形**です。また, 折り目の直線が**対称の軸**です。

できた図形を対称の軸で折り重ねたとき, 点Aは点Hに, 辺BCは辺GFに重なります。

このように対称の軸で折り重ねたときに重なる点や辺が, **対応する点, 対応する辺**です。

答 折り目の直線について左右対称な図形（線対称な図形）

コーチ

● 線対称な図形では, 対称の軸は1本だけとは限らない。

長方形
（2本）

正方形
（4本）

問題 2　線対称な図形の性質

右の図形は, 線対称な図形です。
(1) 直線BG, CFは, 対称の軸とどのように交わっていますか。
(2) 直線CKとKFの長さを比べましょう。

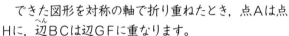
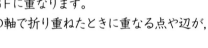

考え方　BとG, CとFはそれぞれ線対称な図形の対応する点になっています。

(1) BとG, CとFを結んでみると, 直線BG, CFは対称の軸と直角に交わっていることがわかります。

(2) 対称の軸を折り目として折ったときにきちんと重なることから, 直線CKとKFは同じ長さであることがわかります。直線BJとJGも長さが等しくなっています。

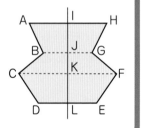

直角に交わる

長さが等しい

答 (1) 直角に交わる。　(2) 長さが等しい。

コーチ

● 線対称な図形は, 対称の軸によって, 2つの合同な図形に分けられる。

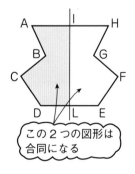

この2つの図形は合同になる

合同な図形では, 対応する辺の長さや角の大きさは等しい。

たいせつポイント

線対称な図形では，対応する点，対応する辺をみつけることが重要です。
線対称な図形では，対応する辺，対応する角は等しくなります。

問題3 線対称な図形のかき方

右の図形が，直線アイを対称の軸として線対称な図形になるように，残りの半分をかきたしましょう。

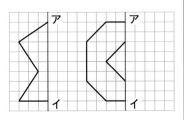

コーチ

● 線対称な図形をかくには，次の順に考えるとよい。
①各点から，対称の軸に垂直な直線をひく。
②その直線の長さを2倍にのばしたところの点を対応する点とし，順に結んでいく。

対応する点はどれ？

考え方　線対称な図形をかくには，まず，対称の軸に対して対応する点をみつけます。

右の図の点Aに対応する点は，点Aから対称の軸アイに垂直な直線をひいて，その長さを2倍にのばした点Fになります。

同じようにして，点B，Cに対応する点をみつけます。

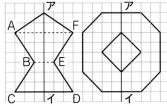

答 上の図

問題4 対応する辺や角

下の図形は，それぞれ直線アイを対称の軸とする線対称な図形です。図のあ〜きにあてはまる辺の長さや角の大きさを求めましょう。

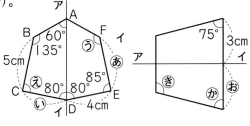

コーチ

● 線対称な図形では，対応する辺の長さだけでなく，対応する角の大きさも等しくなる。

対応する角の大きさは等しい

考え方　線対称な図形では，対応する辺の長さや対応する角の大きさは等しくなります。

右の図で，辺BCと辺FE，辺CDと辺EDが対応します。だから，あは5cm，いは4cmです。また，点Bと点F，点Cと点Eが対応するので，うは135°，えは85°になります。

次に，かの角は対応する角を考えて75°，きの角は，180°−75°で求めることができます。

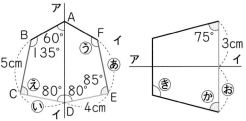

答 あ5cm　い4cm　う135°　え85°　お3cm　か75°　き105°

4 対称な図形　**39**

教科書のドリル

答え → 別冊13ページ

1 〔線対称な図形〕

下の図の中で，線対称な図形はどれでしょう。

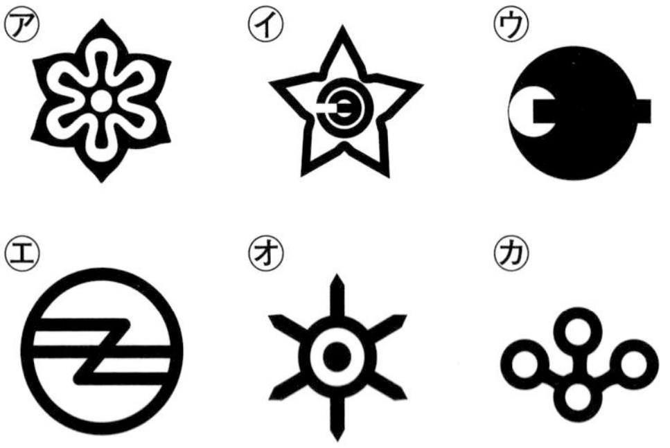

（　　　　　　　）

2 〔対応する点・辺〕

右の図は，線対称な図形です。

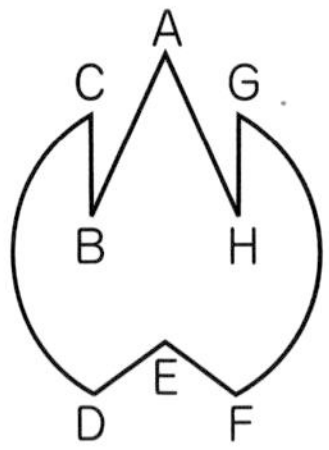

(1) 対称の軸はどの直線でしょう。

（　　　　）

(2) 点Dに対応する点はどれでしょう。

（　　　　）

(3) 辺BCに対応する辺はどれでしょう。

（　　　　）

3 〔対称の軸の数〕

下の図は，線対称な図形です。対称の軸はそれぞれ何本あるでしょう。

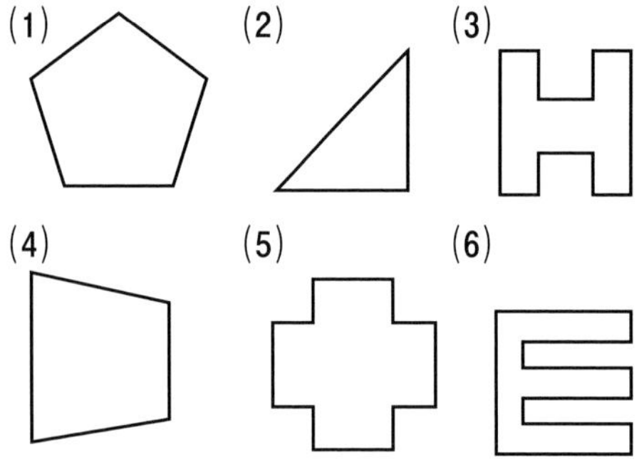

4 〔対称の軸〕

右の図は正六角形です。

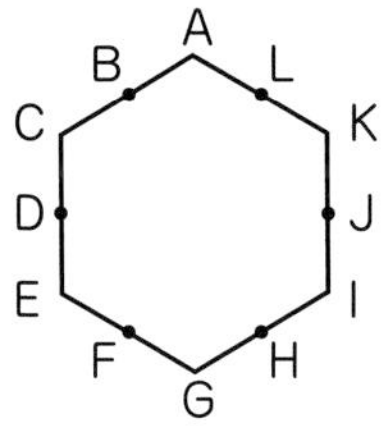

(1) BHを軸とした線対称な図形とみると，点Eに対応する点はどれでしょう。

（　　　　）

(2) 次のような点が対応するのは，どの直線を軸としたときでしょう。

① 点Fと点L　（　　　　）

② 点Aと点G　（　　　　）

5 〔線対称な図形をかく〕

下の図は直線**アイ**を対称の軸とした線対称な図形の半分を表しています。残りの半分の図をかきたしましょう。

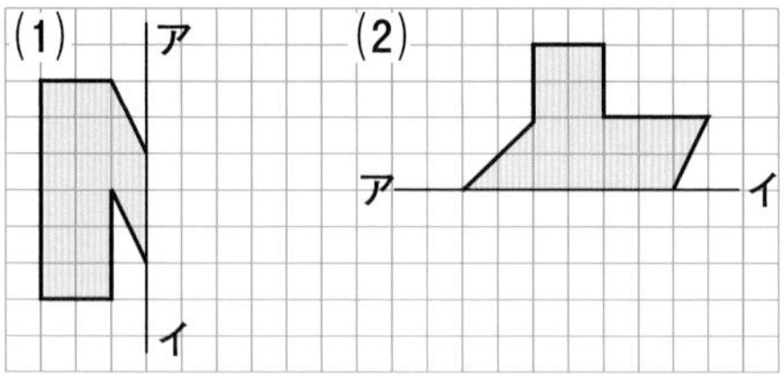

6 〔対応する辺や角〕

右の図は，AGを対称の軸とする線対称な図形です。

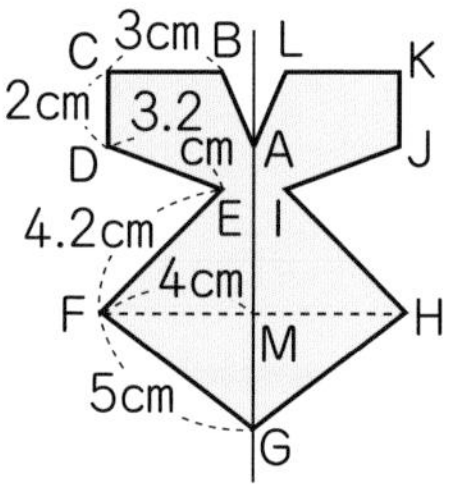

(1) 直線HIの長さは何cmでしょう。

（　　　　）

(2) 直線HMの長さは何cmでしょう。

（　　　　）

(3) 直線AGとFHのつくる角の大きさはどれだけでしょう。

（　　　　）

テストに出る問題

1 下の文字のうち，線対称な形のものには○を，そうでないものには×をつけましょう。

[各6点…合計30点]

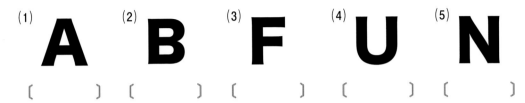

(1) **A**　(2) **B**　(3) **F**　(4) **U**　(5) **N**

〔　　　　〕　〔　　　　〕　〔　　　　〕　〔　　　　〕　〔　　　　〕

2 下の(1)，(2)の図は，直線ＡＢを対称の軸とした線対称な図形の半分を表しています。
残りの半分をかきたしましょう。[各11点…合計22点]

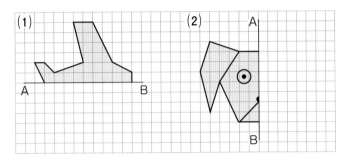

3 下の図のように，正方形の対称の軸は4本あります。正三角形，正六角形，正八角形には，
対称の軸がそれぞれ何本あるでしょう。[各6点…合計18点]

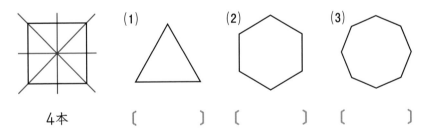

4本　　　(1) 〔　　　　〕　(2) 〔　　　　〕　(3) 〔　　　　〕

4 右の星の形の図は，線対称になっています。[各10点…合計30点]

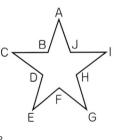

(1) 対称の軸は何本あるでしょう。

〔　　　　〕

(2) 直線ＣＨを対称の軸とみたとき，点Ａに対応する点はどれでしょう。

〔　　　　〕

(3) 直線ＤＩを対称の軸とみたとき，辺ＡＢに対応する辺はどれでしょう。

〔　　　　〕

2 点対称な図形

 コーチ

問題1 点対称の意味

方眼紙に右のような図形をかき，点Oを中心にして，180°回転した図形をかきましょう。できた図形には，どのような特ちょうがあるでしょう。

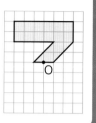

● 図形をある点を中心にして180°回転したとき，もとの図形に重なる図形の性質を調べる。

 考え方
できあがった図形は，点Oを中心にして180°回転させると，もとの図形にぴったり重なります。
　このような図形が**点対称な図形**で，点Oが**対称の中心**です。
　右の図で，点Oのまわりに180°回転すると点Aは点Fに，直線BCは直線GHに重なります。
　このように，対称の中心のまわりに180°回転したときに重なる点や線が，**対応する点，対応する線**です。

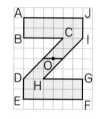

答 中心のまわりに180°回転すると重なる図形（点対称な図形）

問題2 点対称な図形の性質

右の図形は，点対称な図形です。
(1) 点Aと対応する点は，どの点でしょう。
(2) 対応する2つの点を結んで，中心Oからの長さを調べましょう。

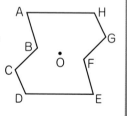

コーチ

● 点対称な図形では，対応する2つの点を結ぶ直線は，対称の中心を通る。

 考え方
対称の中心はOですから，Oを中心にして180°回転させると，もとの図形となります。

(1) 点Oを中心として，点Aを180°回転させると，点Eに重なります。　　**答** 点E
(2) 点Aと点Eを結ぶと，対称の中心Oを通ります。また，点Oから点A，Eまでの長さをはかってみると，等しくなることがわかります。
　ほかの対応する点を結んでも，同じことがいえます。

答 Oからの長さは等しい。

中心Oから対応する点までの長さは等しい

● 点対称な図形では，対称の中心はいつも1つである。

点対称な図形では，対応する2つの点を結ぶ直線は対称の中心を通り，その点から対応する2つの点までの長さは等しくなります。

問題 3　点対称な図形のかき方

コーチ

右の図は，点Oを対称の中心とする点対称な図形の半分を表したものです。残りの半分をかきたしましょう。

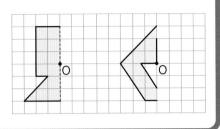

● 点対称な図形をかくには，次のようにする。
①点から対称の中心を通る直線をひく。
②直線の長さを2倍にのばしたところを対応する点とし，順に結んでいく。

考え方　点対称な図形をかくには，対応する点を求めます。そのために，対称の中心を通る直線をひきます。

まず，右の図のAとOを通る直線をのばします。

次に，AOの長さに等しい点Fを求めます。これが点Aに対応する点です。同じように，B，C，D，Eに対応する点を求めて，それらの点を順に結んでいきます。

もう1つの図についても同じです。

答　右の図

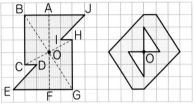

問題 4　四角形と対称

コーチ

下の四角形が，線対称，点対称になっているかどうか調べて，表にまとめましょう。また，図形の中に対称の軸や対称の中心をかき入れましょう。

平行四辺形

長方形

正方形　　ひし形

● 正多角形はいつも線対称な図形になるが，いつも点対称になるとは限らない。正三角形，正五角形などは点対称にはならない。

考え方　実際に図をかいて，対角線をひいたり，辺を2等分する点を結んだりして調べます。

平行四辺形は，点対称ですが，線対称ではありません。

長方形，ひし形，正方形は，線対称であり，点対称にもなっています。これらの図形では，対称の中心はどれも対角線の交点になっています。

答

○はその性質をもつ，×はそうでないことを示す

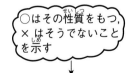

点線の交点が対称の中心。赤い線が対称の軸を表す

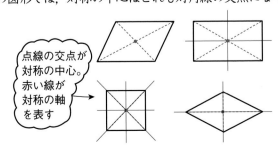

	平行四辺形	長方形	正方形	ひし形
線対称	×	○	○	○
軸の数	0	2	4	2
点対称	○	○	○	○

教科書のドリル

答え → 別冊14ページ

❶ 〔点対称な図形〕

下の図形の中から点対称な図形をみつけ，その記号を書きなさい。

(　　　　　　)

❷ 〔多角形と対称〕

下の図形を，次の4つに分けましょう。

(1) 線対称であるが，点対称でない。

(　　　　　　)

(2) 点対称であるが，線対称でない。

(　　　　　　)

(3) 線対称でもあり，点対称でもある。

(　　　　　　)

(4) 線対称でもなく，点対称でもない。

(　　　　　　)

二等辺三角形　　　三角形　　　台形

平行四辺形　　　ひし形　　　長方形

正方形　　　正五角形　　　正六角形

❸ 〔線対称と点対称〕

下の図形について，線対称か点対称かを調べましょう。

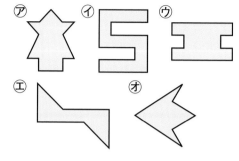

(1) 線対称な図形 (　　　　　　)

(2) 点対称な図形 (　　　　　　)

❹ 〔対称な図形をかく〕

次のような対称な図形をかきましょう。

(1) ＡＢが対称の軸　(2) Ｏが対称の中心

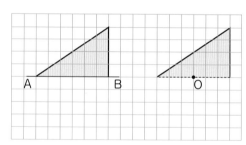

❺ 〔対応する点や線〕

下の図のような平行四辺形があります。
（Ｏは対称の中心）

(1) 点Ｅに対応する点Ｆをかきましょう。

(2) 直線ＣＧに対応する直線ＡＨをかきましょう。

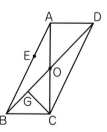

テストに出る問題

答え → 別冊14ページ
時間30分　合格点80点

得点 　／100

1 次の形の中に，点対称な形が６個あります。その記号を書きましょう。［各5点…合計30点］

㋐ C　㋑ H　㋒ K　㋓ N　㋔ 69

㋕ U　㋖ X　㋗ Z　㋘ S　㋙ 80

〔　　　　　〕

2 右の図は点対称な図形です。［各10点…合計20点］

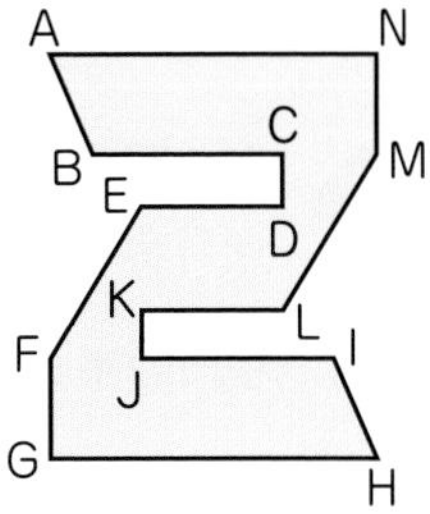

(1) 対称の中心はどこですか。右の図にかきこみましょう。

(2) 点Fに対応する点はどれでしょう。

〔　　　　　〕

3 右の図で，(1)は直線ＡＢが対称の軸になるような図形を，(2)は点Ｏが対称の中心になるような図形をかきましょう。

［各10点…合計20点］

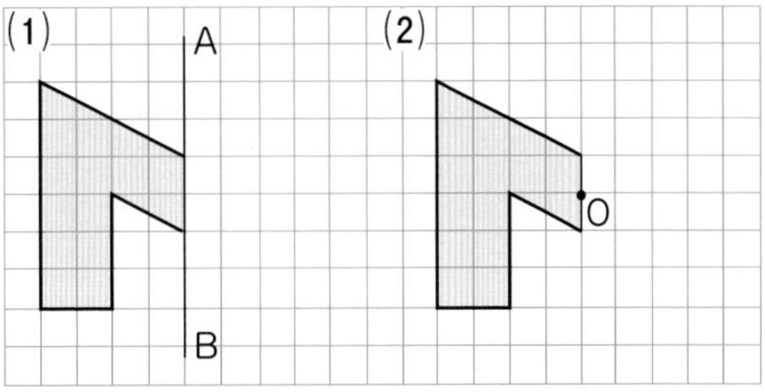

4 次の文の〔　　〕にあてはまることばを，右の［　　］の中から選んで，その記号を書きましょう。［各10点…合計30点］

(1) 線対称な図形では，対応する点を結ぶ直線は対称の軸に〔　　　　　〕で，対称の〔　　　　　〕によって２等分されます。

(2) 線対称な図形を対称の軸で分けた２つの図形は〔　　　　　〕です。

(3) 点対称な図形では，対応する２つの点を結ぶ直線は，対称の〔　　　　　〕を通り，対称の中心から〔　　　　　〕する２つの点までの長さは等しくなります。

㋐ 拡大
㋑ 合同
㋒ 対応
㋓ 垂直
㋔ 平行
㋕ ２等分
㋖ 軸
㋗ 中心

入試レベルの問題①

答え → 別冊14ページ
時間30分　合格点70点

1 合同な正方形の色板を6枚並べて，下のようないろいろな図形をつくりました。

[各10点…合計20点]

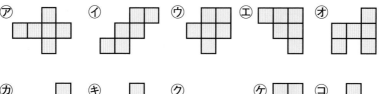

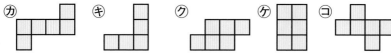

(1) 線対称な図形はどれでしょう。　　　　　　　　　　　　　　　　〔　　　　　　〕

(2) 点対称な図形はどれでしょう。　　　　　　　　　　　　　　　　〔　　　　　　〕

2 右の図は，2つの合同な半円を直径にそってすべらしたもので，点対称な図形です。A，Bは半円の中心です。[各10点…合計20点]

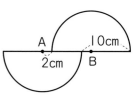

(1) 半円の半径は何cmでしょう。　　　　　　　　　　　　〔　　　　　　〕

(2) 対称の中心は，点Aから点Bのほうへ何cmのところにあるでしょう。

〔　　　　　　〕

3 次の文で，正しいものには○を，まちがっているものには×をつけましょう。

[各10点…合計20点]

(1) 正方形には，対称の軸が4本ある。　　　　　　　　　　　　　〔　　　　　　〕

(2) 正三角形は点対称な図形である。　　　　　　　　　　　　　　〔　　　　　　〕

4 次の図形のうちで，右の表の空らんにあてはまるものを選び，記号で記入しなさい。

[各10点…合計40点]

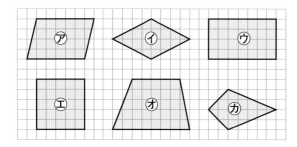

	2本の対角線の長さ	
	等しい	等しくない
線対称		
点対称		

入試レベルの問題②

答え → 別冊15ページ

時間30分　合格点70点

得点　／100

1 次の文は，長方形，ひし形，正方形について書いたものです。
このうちで，正方形だけについていえるものの記号を書きなさい。[20点]

㋐　線対称です。　　　㋑　対角線が対称の軸になります。

㋒　点対称です。　　　㋓　対称の軸が4本あります。

㋔　対角線の交わったところが，対称の中心になります。

〔　　　　　　　〕

2 右の図は，線対称，点対称な図形の
半分を表しています。

直線ABを対称の軸，点Oを対称の中心
として，それぞれ残りの半分をかきましょう。
[各15点…合計30点]

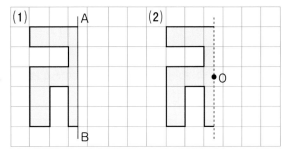

3 右の図は，点Oを中心にして点対称な図形の半分をかいた
ものです。

残りの半分の図形をかいて，点対称な図形を完成しなさい。

[20点]

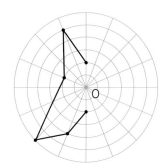

4 右のような点Oを中心にした点対称な図形である四角形ABCDがあります。
この図形からわかることがらを，下の(1)～(5)のうちから，すべて選んで記号を解答らん
に書き入れなさい。[30点]

(1)　直線OAと直線OCの長さは等しい。

(2)　直線OAと直線OBの長さは等しい。

(3)　三角形AODと三角形COBは合同である。

(4)　角㋐の大きさと角㋑の大きさは等しい。

(5)　角㋐の大きさと角㋒の大きさは等しい。

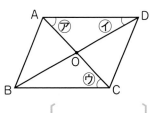

〔　　　　　　　〕

きまりをみつけて解く

やって みよう

例題 変わり方のきまりをみつける

|辺が|cmの正三角形の紙を，右の図のように組み合わせて，大きな正三角形をつくっていきます。

 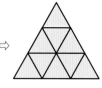

(1) |つの辺が6cmのとき，組み合わせた正三角形の紙は何枚でしょう。

(2) 組み合わせた正三角形の紙が64枚のとき，|つの辺は何cmになるでしょう。

● 合同な図形を，決められた方法で並べていったときにできる形について，
① 図形をつくるために必要な枚数
② できた図形の面積やまわりの長さ
などを求める問題では，表をつくって，変わり方のきまりをみつけて解くとよい。

 考え方 下のように，|つの辺の長さと，正三角形の紙の枚数を，表にまとめて調べます。

	つの辺の長さ(cm)	1	2	3	4	5	…
正三角形の紙の枚数	1 (1×1)	4 (2×2)	9 (3×3)	16 (4×4)	25 (5×5)	…

● 変わり方のきまりをみつけて解く問題は，中学入試にかなり出されている。

(1) 上の表をみると，（　）の中に示したように，正三角形の紙の数は，（|つの辺の長さ）×（|つの辺の長さ）になっていることがわかります。

これから，|つの辺が6cmのときは　6×6=36

答 36枚

(2) 64=8×8　となるので，8cmです。

答 8cm

5 比とその利用

教科書の
まとめ

☆ 比と比の値

▶ 右の長方形の
縦の長さ（3cm）
と横の長さ（5cm）
の割合を　3：5

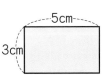

と表すことがある。このように表し
た割合を比という。また，比の記号
「：」の前の数を後の数でわった商
$\frac{3}{5}$ を比の値という。

☆ 比の利用

▶ 比を使って次のことができる。
①比の一方の数量を求める。
②全体を決まった比に分ける。

☆ 等しい比

▶ 「△：□」の両方の数に同じ数をか
けても，両方の数を同じ数でわって
も，比の値は変わらない。比の値が
等しいとき，その2つの比は等しい
という。

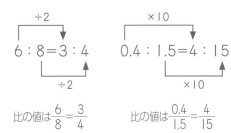

$$6：8 = 3：4 \qquad 0.4：1.5 = 4：15$$

比の値は $\frac{6}{8} = \frac{3}{4}$　　　　比の値は $\frac{0.4}{1.5} = \frac{4}{15}$

▶ 比が表している割合を変えないで，
比をできるだけ小さい整数の比にな
おすことを，比を簡単にするという。

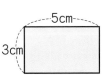

49

1 比の表し方

問題 1 比と比の値

次の割合を「：」を使って比に表しましょう。また，比の値を求めましょう。

(1) 縦 2 m，横 3 mの長方形の花だんの，縦の長さと横の長さの割合。

(2) 4.5kgのりんごと3.6kgのみかんがあるとき，りんごの重さとみかんの重さの割合。

コーチ

● 2と3の割合を，次のように表したとき，2と3の比という。

$$2 : 3$$

また，

$$2 \div 3 = \frac{2}{3}$$

を比の値という

● 2：3で，2を比の前項，3を比の後項という。

考え方 「aとbの割合」というとき，a：bをaとbの比といいます。また，$a \div b = \frac{a}{b}$を比の値といいます。

(1) a：bで，aを2，bを3とします。

（答）$2 : 3, \dfrac{2}{3}$

(2) a：bで，aを4.5，bを3.6とします。

（答）$4.5 : 3.6, \dfrac{5}{4}$

問題 2 比と百分率

右のように花が植えてある花だんがあります。パンジーの部分と，花だん全体の比を書き，比の値を求めましょう。また，パンジーの部分は，花だん全体の何％でしょう。

パンジー 6.4m²　チューリップ 9.6m²

コーチ

● 比も百分率も割合の表し方のひとつである。

比
2：5

↓

比の値	
$\dfrac{2}{5}$	0.4

百分率
40％

考え方 次のように，図をかくとわかりやすくなります。

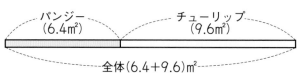

パンジー (6.4m²)　チューリップ (9.6m²)

全体(6.4＋9.6)m²

パンジーの部分と花だんの比は，6.4：(6.4＋9.6) ＝6.4：16

比の値は　6.4÷16＝0.4

これからパンジーの部分は，花だん全体の40 ％

（答）6.4：16, 0.4, 40 ％

教科書のドリル

答え → 別冊15ページ

1 〔比と比の値〕
次の割合を,「：」を使って比に表しましょう。また, 比の値を求めましょう。

(1) サラダ油50gとす30gの割合

（　　　　　）

(2) 縦 $\frac{2}{3}$ m, 横 $\frac{4}{5}$ mの長方形の紙の縦と横の割合

（　　　　　）

(3) 1日のうち, 昼16時間と夜8時間の割合

（　　　　　）

2 〔部分と全体の比〕
よしとさんの組は, 男子が22人, 女子が18人です。

次の割合を比に書きましょう。
(1) 男子の人数と女子の人数の割合

（　　　　　）

(2) 女子の人数と男子の人数の割合

（　　　　　）

(3) 男子の人数と組全体の人数の割合

（　　　　　）

(4) 女子の人数と組全体の人数の割合

（　　　　　）

3 〔比と単位〕
縦80cm, 横1.2mの机があります。
この机の縦と横の長さを比に表しましょう。

（　　　　　）

4 〔比と単位〕
2Lのジュースのうち4dL飲みました。飲んだ量と残りの量を比に表しましょう。

（　　　　　）

5 〔比と百分率〕
あやかさんの学級は40人です。今日は2人欠席しました。
(1) 欠席者と学級全体の人数の比を求めましょう。

（　　　　　）

(2) 欠席者は学級全体の何パーセントにあたるでしょう。

（　　　　　）

6 〔比と百分率〕
まやさんの学校の6年生は, 全体で80人で, そのうち28人に虫歯があります。
(1) 虫歯のある人と, 6年生全体の人数の割合を比に書きましょう。

（　　　　　）

(2) 虫歯のある人は, 6年生全体の何%にあたるでしょう。

（　　　　　）

2 等しい比

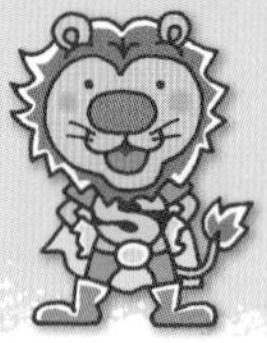

問題1 等しい比をみつける

次の㋐，㋑，㋒の比(ひ)の中から，6：8と比が等しいものをみつけましょう。

㋐　12：20　　　㋑　3：4　　　㋒　24：18

[考え方] 比では，**同じ数をかけても，同じ数でわっても等しい比を表す**ので，それぞれ調べてみましょう。㋑だけ**同じ数でわって**いますので，**等しい比**です。　[答] ㋑

[別の考え方] 6：8の比の値(あたい)は

$6 \div 8 = \frac{6}{8} = \frac{3}{4}$

㋐，㋑，㋒の比の値は，それぞれ，$\frac{3}{5}$，$\frac{3}{4}$，$\frac{4}{3}$なので，6：8と比の値が等しいのは㋑。　[答] ㋑

㋐　6：8 →(×2)→ 12：20　（×2ではない！）

㋑　6：8 →(÷2)→ 3：4　（÷2）

㋒　6：8 →(×4)→ 24：18　（×4ではない！）

[コーチ]

● 比(ひ)の記号の，前の数と後の数に，**同じ数をかけても**，前の数と後の数を**同じ数でわっても**，比はどれも等しくなる。

A：B

＝（A×□）：（B×□）

A：B

＝（A÷○）：（B÷○）

● 2つの比で，その比の値(あたい)が同じ数になるとき**2つの比は等しい**という。

問題2 等しい比のつくり方

18：45と等しい比を3つつくりましょう。

[考え方] 比に，**同じ数をかけても，同じ数でわっても等しい比を表す**ので，この方法(ほうほう)を使えば，いくらでもつくれます。

18：45

(÷3) → 6：15

(÷9) → 2：5

(×2) → 36：90

(×3) → 54：135

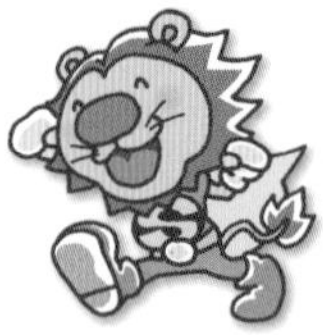

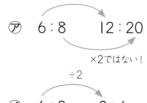

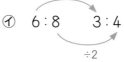

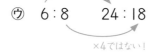

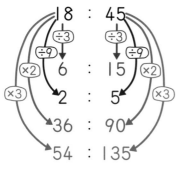

[答] 6：15，2：5，36：90，54：135など

[もっとくわしく] 4：10，8：20なども等しい比です。

比の値はすべて$\frac{2}{5}$となっています。

[コーチ]

● 18：45からすぐに4：10を思いつくのはむずかしいが，

18：45

↓÷9

2：5

↓×2

4：10

とすればわかりやすい。

たいせつ
ポイント

比△：□の，△と□に同じ数をかけても，△と□を同じ数でわっても，比としては等しい。

問題 3　比を簡単にする

次の比を，それと等しい比で，できるだけ小さな整数の比になおしましょう。

(1)　16 : 24　　　(2)　0.7 : 2.1　　　(3)　$\dfrac{3}{5} : \dfrac{3}{8}$

コーチ

● 比を，それと等しい比で，できるだけ小さい整数の比になおすことを
比を簡単にする
という。

考え方

比では，同じ数をかけても，同じ数でわっても，等しい比を表すことを使います。

(1)　$16 : 24 = (16÷8) : (24÷8) = 2 : 3$
　　　↑÷8↑　　↑÷8↑

答　2 : 3

(2)　$0.7 : 2.1 = (0.7×10) : (2.1×10) = 7 : 21 = 1 : 3$
　　　↑×10↑　　　↑×10↑　　　　↑÷7↑

答　1 : 3

(3)　$\dfrac{3}{5} : \dfrac{3}{8} = \dfrac{24}{40} : \dfrac{15}{40} = 24 : 15 = 8 : 5$
　　　　　通分する　　　　　↑÷3↑

答　8 : 5

● 比を簡単にするとき，まず，
小数は10倍，100倍して整数に，
分数は通分して，分子だけの比に，
すればよい。

問題 4　比の一方の数を求める

次の式で，x の表す数を求めましょう。

(1)　30 : 50 = 6 : x　　　(2)　5 : 8 = x : 24

コーチ

● 等しい比を表す式で，比の一方の数を求めるには，比の性質，
A : B
= (A × x) : (B × x)
A : B
= (A ÷ y) : (B ÷ y)
をもとにして考える。

考え方

比の記号の，前の数と後の数に，同じ数をかけても，前の数と後の数を同じ数でわっても，比は等しくなります。

(1)　30と6の関係は，
30÷5=6ですから，
x は，50÷5=10
となります。　　答　10

$30 : 50 = 6 : x$
　÷5になっている
　50÷5が x になる

(2)　8と24の関係は，
8×3=24ですから，
x は，5×3=15となります。
答　15

5×3が x になる
$5 : 8 = x : 24$
　×3になっている

教科書のドリル

答え → 別冊15ページ

1 〔等しい比〕

次の㋐～㋕の中から，4：6の比と等しくなるものをみつけましょう。

㋐ 6：8　　㋑ 2：3
㋒ 1.4：1.6　　㋓ 0.4：0.6
㋔ $\frac{1}{6}:\frac{1}{4}$　　㋕ $\frac{1}{4}:\frac{1}{6}$

2 〔比を簡単にする〕

次の比を簡単にしましょう。

(1) 6：15
(2) 30：12
(3) 48：42

3 〔小数・分数の比〕

次の小数・分数の比を簡単にしましょう。

(1) 2.5：4
(2) 1.8：3.6
(3) $\frac{1}{2}:\frac{3}{5}$

4 〔xの表す数を求める〕

次のxの表す数を求めましょう。

(1) 2：3＝x：15
（　　　　）

(2) 20：16＝5：x
（　　　　）

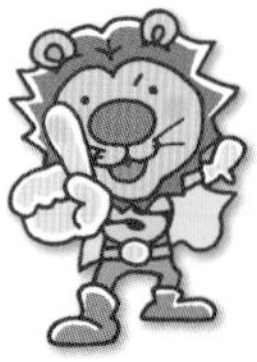

5 〔整数の比に表す〕

次の問いに答えましょう。

(1) 縦が25m，横が15mのプールがあります。このプールの縦と横の長さの比を簡単な比で表しましょう。
（　　　　）

(2) 右の三角形の底辺の長さと高さの比を，簡単な整数の比で表しましょう。
（　　　　）

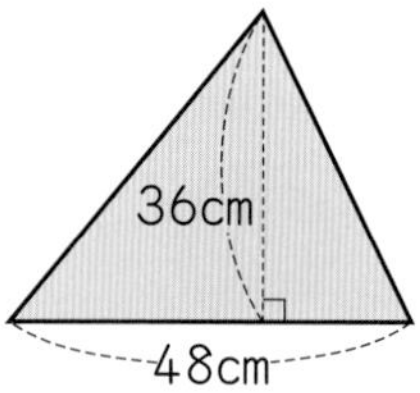

(3) 1mの鉄の棒を，60cmだけ使いました。使った長さと，残りの長さを簡単な整数の比で表しましょう。
（　　　　）

(4) あいさんは次のような学用品を買いました。

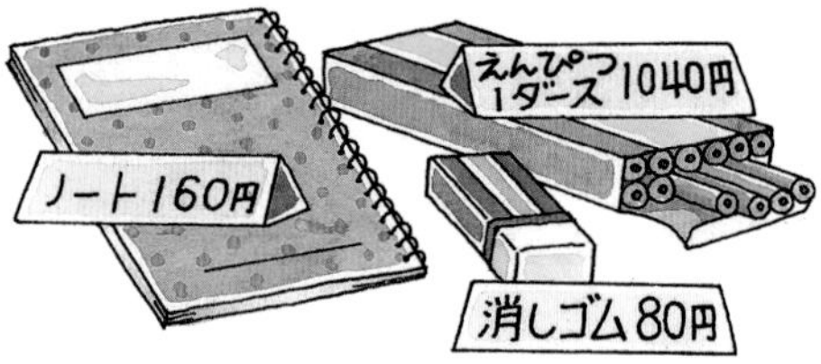

ノート代と代金全体の比を，簡単な比で表しましょう。
（　　　　）

(5) みのるさんの学校の運動場は，縦100m，横120mの長方形で，お兄さんの中学校の運動場は，縦120m，横140mの長方形です。
みのるさんの学校とお兄さんの中学校の運動場の面積の比を，簡単な比で表しましょう。
（　　　　）

テストに出る問題

1 次の比を簡単にしましょう。 [各5点…合計50点]

(1) 12：30

(2) 36：81

(3) 135：180

(4) 4.6：6.9

(5) 7.5：5

(6) 1：0.25

(7) $\dfrac{5}{7}：\dfrac{2}{7}$

(8) $\dfrac{2}{5}：\dfrac{1}{2}$

(9) $\dfrac{5}{6}：3$

(10) $1：\dfrac{1}{3}$

2 次の式で，x の表す数を求めましょう。 [各5点…合計10点]

(1) $6：30＝2：x$

(2) $3：0.5＝x：2$

〔　　　　〕

〔　　　　〕

3 まいさんは，150円のノートと750円の絵の具を買いました。ノート代と絵の具代の比を簡単な比で表しましょう。 [10点]

〔　　　　〕

4 リボンを 3 m 買ってきて，姉が1.6m使い，残りを妹が使いました。姉と妹の使った長さの比を，簡単な整数の比で表しましょう。 [10点]

〔　　　　〕

5 1 辺が 3 m の正方形の面積と，1 辺が 6 m の正方形の面積の比を，簡単な比で表しましょう。 [10点]

〔　　　　〕

6 半径が4cmの円のまわりの長さと，直径が7cmの円のまわりの長さの比を，簡単な比で表しましょう。 [10点]

〔　　　　〕

③ 比を使った問題

問題 1 比の一方の数量を求める(1)

運動場に，縦と横の長さの比が3：4の長方形をかこうと思います。横を20mにすると，縦を何mにすればよいでしょう。

 考え方 比が「縦：横」で表されていて横の長さがわかっています。右のように図をかいて整理してみましょう。

縦の長さ x mは，

横の長さ20mの $\dfrac{3}{4}$ だから，

$20 \times \dfrac{3}{4} = 15$ 　　　　　**答** 15m

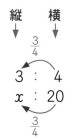

縦　横

$3 : 4$

$x : 20$

$\dfrac{3}{4}$

 コーチ

● 線分図を利用して解くこともできる。

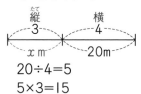

縦　　　横
3　　　4
x m　　20m

$20 \div 4 = 5$
$5 \times 3 = 15$

答 15m

 別の考え方 縦の長さを x mとすると，

$3 : 4 = x : 20$ 　　$x = 3 \times 5 = 15$

（×5, ×5）

答 15m

問題 2 比の一方の数量を求める(2)

たけしさんの学級の男子と女子の人数の比は5：6で，男子は15人です。たけしさんの学級の女子は何人いるでしょう。

 考え方 男子と女子の割合が「男子：女子」という比で表されていて，男子の人数がわかっているので，右のように図をかいて整理してみましょう。

女子 x 人は，

男子15人の $\dfrac{6}{5}$ だから，

$15 \times \dfrac{6}{5} = 18$ 　　　　　**答** 18人

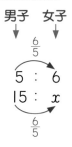

男子　女子

$5 : 6$

$15 : x$

$\dfrac{6}{5}$

 コーチ

● 線分図を利用して解くこともできる。

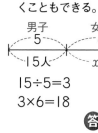

男子　　女子
5　　　6
15人　　x 人

$15 \div 5 = 3$
$3 \times 6 = 18$

答 18人

 別の考え方 女子の人数を x 人とすると，

$5 : 6 = 15 : x$ 　　$x = 6 \times 3 = 18$

（×3, ×3）

答 18人

たいせつ ポイント	ある量を $a：b$ の比に分けるとき，a にあたる量，b にあたる量は，それぞれある量の $\dfrac{a}{a+b}$，$\dfrac{b}{a+b}$ となります。

コーチ

● ある量を $a：b$ の比に分けるときは，次のようになる。

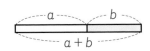

a にあたる量

$=($ある量$) \times \dfrac{a}{a+b}$

b にあたる量

$=($ある量$) \times \dfrac{b}{a+b}$

問題 3　全体を比で分ける

面積が56㎡の土地があります。この土地を面積の比が5：3になるように，A，Bの2つに分けます。A，Bの面積を求めましょう。

考え方　56㎡の土地を5：3の比に分けるのですから，全体を(5＋3)等分して考えます。

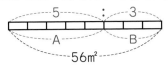

Aの土地は全体の $\dfrac{5}{5+3}$，　Bの土地は全体の $\dfrac{3}{5+3}$

Aは，$56 \times \dfrac{5}{8} = 35(㎡)$　　　Bは，$56 \times \dfrac{3}{8} = 21(㎡)$

答　A　35㎡，B　21㎡

問題 4　3つに分ける

まさとさんと弟と妹は，お金を出しあって810円のトランプを買うことにしました。まさとさんと弟と妹の出すお金を，4，3，2の割合にすると，それぞれ何円出せばよいでしょう。

コーチ

● ある量を a，b，c の3つの割合に分けるときは，ある量全体を割合の和，$a+b+c$ で等分してから分ける。

考え方　810円を4，3，2の割合に分けるのですから，全体の810円を(4＋3＋2)等分して考えます。

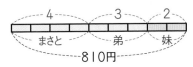

まさとさんは，810円の $\dfrac{4}{4+3+2}$ となるので，$810 \times \dfrac{4}{9} = 360(円)$

弟は，810円の $\dfrac{3}{4+3+2}$ となるので，$810 \times \dfrac{3}{9} = 270(円)$

妹は，810円の $\dfrac{2}{4+3+2}$ となるので，$810 \times \dfrac{2}{9} = 180(円)$

答　まさとさん360円，弟270円，妹180円

教科書のドリル

答え → 別冊16ページ

1 〔比の一方の数量を求める〕

あきらさんたちは，全コース12kmのハイキングに行きます。のぼりの道のりと全体の道のりの比は3：8だそうです。のぼりの道のりは何kmでしょう。

（　　　　　）

2 〔比の一方の数量を求める〕

あきなさんの学校の図書館の，科学の本と歴史の本の冊数の比は，5：4だそうです。
科学の本は，全部で1200冊あるそうです。
歴史の本は何冊あるでしょう。

（　　　　　）

3 〔比の一方の数量を求める〕

よしとさんの学級の，男子と女子の人数の比は7：6で，女子は18人です。

(1) 男子は何人でしょう。

（　　　　　）

(2) よしとさんの学級の人数は何人でしょう。

（　　　　　）

4 〔比の一方の数量を求める〕

ある旗の形は，縦の長さと横の長さの比が2：3の長方形になっています。
この旗の縦を70cmにするには，横の長さを何cmにすればよいでしょう。

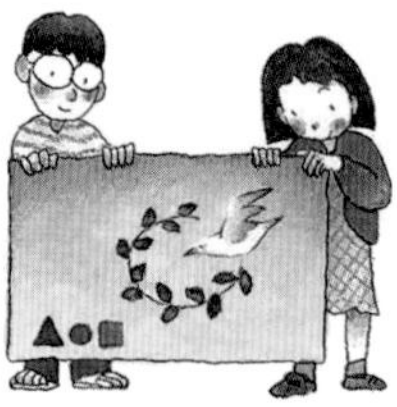

（　　　　　）

5 〔比の一方の数量を求める〕

走りはばとびで，ひろしさんとまさきさんのとんだきょりの比を調べたら，5：7だったそうです。
まさきさんは350cmとびました。
ひろしさんは何cmとんだでしょう。

（　　　　　）

6 〔比の一方の数量を求める〕

はるかさんの学級の，学級園の花畑と野菜畑の面積の比は，3：4です。花畑の面積は6 m²です。野菜畑の面積は何m²でしょう。

（　　　　　）

7 〔比で分ける〕

長さ160cmのリボンがあります。このリボンを[あ]と[い]に分けて，[あ]と[い]の長さの比が3：5になるようにしました。
[あ]，[い]はそれぞれ何cmでしょう。

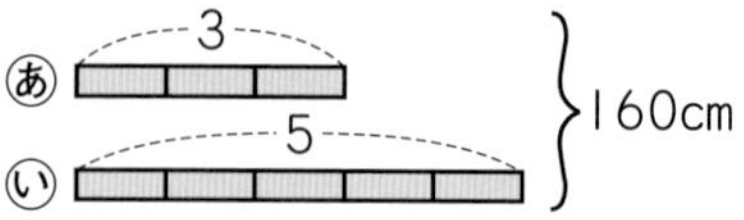

[あ]（　　　　　）　[い]（　　　　　）

8 〔比で分ける〕

図のような長方形の土地があります。
まわりの長さは300mで，辺ABと辺BCの長さの比は2：3です。

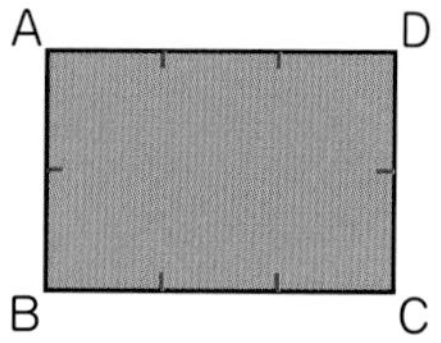

(1) 辺AB，BCの長さは，それぞれ何mでしょう。

AB（　　　　　）　BC（　　　　　）

(2) この土地の面積は，何m²でしょう。

（　　　　　）

テストに出る問題

1 よしとさんの学校の全体の人数は495人です。学習じゅくに通っている人と通っていない人の割合は6：5です。通っていない人は何人でしょう。［10点］

〔　　　　　〕

2 青色のペンキと黄色のペンキの体積の比が，3：8になるように混ぜあわせて，緑色のペンキをつくります。黄色のペンキを9.6L使うとき，青色のペンキは何L必要ですか。［10点］

〔　　　　　〕

3 同じ時間にゆきさんが歩くきょりと，妹が自転車に乗って進むきょりの比は2：5です。ゆきさんは歩いて，妹は自転車に乗って，同時に家を出発し，同じ道を通っておばあさんの家へ向かいます。ゆきさんが750m進んだとき，妹はゆきさんより何m前方にいますか。［20点］

〔　　　　　〕

4 面積が360m²の畑に，きゅうりとトマトの面積の比が5：7になるように，きゅうりとトマトを植えます。きゅうりとトマトの畑の面積は，それぞれ何m²になるでしょう。

［10点ずつ…合計20点］

きゅうり〔　　　　　〕　トマト〔　　　　　〕

5 面積が60m²と80m²の2つの学級園の草とりを，児童28人でします。広さの割合で分かれるとすると，何人と何人に分かれますか。［20点］

〔　　　　　〕

6 三角形の3つの角の大きさが，2：3：5であるとき，1番大きい角は何度でしょう。［20点］

〔　　　　　〕

答え → 別冊17ページ
時間40分　合格点70点

1 次の比を簡単にしましょう。 [各5点…合計20点]

(1) $\dfrac{1}{3} : \dfrac{1}{4}$

(2) $0.6 : 2.7$

(3) $\dfrac{3}{4} : \dfrac{4}{5}$

(4) 2分40秒 : 0.1時間

2 A：B＝3：2, B：C＝4：3のとき, A：Cをもっとも簡単な整数の比で表すと
　□：□です。 [15点]

〔　　　　　〕

3 縦と横の長さの比が5：7の長方形の形をした公園があります。この公園のまわりの長さが192mのとき, 縦と横の長さはそれぞれ何mですか。 [各7点…合計14点]

縦〔　　　　　〕　横〔　　　　　〕

4 AさんとBさんの所持金の比は8：3で, BさんとCさんの所持金の比は4：7です。3人の所持金の合計は3250円です。
　Aさんの所持金は□円です。 [16点]

〔　　　　　〕

5 赤い玉と青い玉と白い玉があります。赤い玉と青い玉の数の比は3：2, 青い玉と白い玉の数の比は5：2です。青い玉は20個あります。全部で何個の玉がありますか。 [15点]

〔　　　　　〕

6 まわりの長さが等しい2つの長方形A, Bがあります。長方形Aの縦と横の長さの比は11：5です。また, 長方形Bの縦と横の長さの比は5：3で, 横の長さは12cmです。
このときの長方形Aと長方形Bの面積の比を, できるだけ小さな整数の比になおして, 求めましょう。 [20点]

〔　　　　　〕

1 次の□に適当な数を入れましょう。 [各5点…合計20点]

(1) 5：□＝3：7

(2) 1.2：0.8＝3：□

(3) 3：1.2＝5：□

(4) □：5＝$\frac{1}{5}$：0.75

2 正方形の横の長さを8cm長くすると，縦と横の長さの比が7：9の長方形になりました。もとの正方形の1辺の長さを求めなさい。 [15点]

〔　　　　　　〕

3 さやかさんとお姉さんが50m競走をしました。お姉さんがゴールしたとき，さやかさんはゴールまであと10mのところを走っていました。2人が同時にゴールするためには，お姉さんはスタート地点の何m後ろから走ればよいですか。 [15点]

〔　　　　　　〕

4 としやさんとおさむさんが50m走をします。としやさんとおさむさんの1歩の長さの比は3：4で，としやさんが5歩進む間におさむさんは4歩しか進みません。どちらが先にゴールするでしょう。 [15点]

〔　　　　　　〕

5 A，B，Cの3人が仕事をして94000円もらいました。働いた日数の比は

A：B＝$\frac{1}{4}$：$\frac{1}{3}$，B：C＝0.5：0.3

です。お金を働いた日数の比で分けると，Bは□円もらえます。 [15点]

〔　　　　　　〕

6 AとBの2つの数があり，AとBの数の比は，7：3で，その積は，1701です。このとき，A＝あ，B＝いです。 [各10点…合計20点]

あ〔　　　　　　〕 い〔　　　　　　〕

6年生の調査

答え → 150ページ

ある日の6年生を調べたら，下のようでした。
全体の人数…男子85人，女子75人
近視の人…40人，虫歯の人…64人

病気の人…6年生全体の$\frac{1}{10}$

けがをしている人…6年生全体の$\frac{1}{8}$

走りはばとびの平均…男子3m，女子2.7m
家での平均勉強時間…男子1時間，
　　　　　　　　　女子1時間20分

①男子と女子の比を
簡単な比で
表しましょう。

②病気の人と，
けがをしている人の割合
の比を，簡単な比で
表しましょう。

③近視の人の人数と，
6年生全体の人数の比を，
簡単な比で
表しましょう。

④男子と女子の
走りはばとびの平均の比を，
簡単な比で
表しましょう。

⑤近視の人と，
虫歯の人の人数の比を，
簡単な比で
表しましょう。

⑥男子と女子の
勉強時間の比を，
簡単な比で
表しましょう。

6 拡大図と縮図

⭐ 拡大図と縮図

▶ **拡大図** ある図形を，その形を変えないで，縦・横の長さを同じ割合にひきのばした図

▶ **縮図** 縦・横の長さを同じ割合にちぢめた図

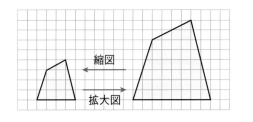

⭐ 拡大図と縮図の性質

▶ 拡大図や縮図では，もとの図の辺に対応する辺の長さの比は等しい。また，もとの図の角に対応する角の大きさは，どれも等しい。

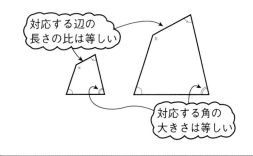

対応する辺の長さの比は等しい

対応する角の大きさは等しい

⭐ 縮図の利用

▶ **縮尺** 長さをちぢめた割合

縮尺には，右のような表し方がある

▶ **縮図上の長さと実際の長さの関係**

縮図上の長さ＝実際の長さ×縮尺

実際の長さ＝縮図上の長さ÷縮尺

例 $\dfrac{1}{50000}$

1：50000

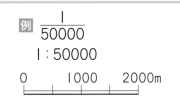

拡大図と縮図

問題 1 拡大図と縮図の性質

右の図で，⑰は⑰をひきのばした図で，大きさはちがっても，形は同じです。
次のことを調べましょう。
(1) 対応する辺の長さの比
(2) 対応する角の大きさ

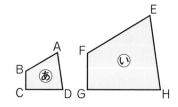

● もとの図を，形を変えないでひきのばした図が拡大図，形を変えないでちぢめた図が縮図です。
〔拡大図・縮図の性質〕
① 対応する直線の長さの比は等しい。
② 対応する角の大きさは等しい。

考え方
どの辺が対応する辺になるか，どの角が対応する角になるかを図をみて考えます。

(1) 対応する辺の長さの比は，次のようになります。

AB：EF，BC：FG，CD：GH，DA：HE

実際に長さをはかって比べると，この比はどれも1：2になります。

答 1：2

(2) 対応する角の大きさをはかってみると，次のようになります。

角A＝角E＝68°，角B＝角F＝120°
角C＝角G＝90°，角D＝角H＝82°

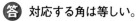

答 対応する角は等しい。

問題 2 拡大と縮小——方眼紙を使って

右のような方眼紙にかかれた三角形の2倍の拡大図をかきましょう。

また，$\frac{1}{2}$の縮図をかきましょう。

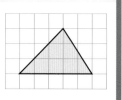

考え方
方眼の目もりを，縦も横も2倍，または$\frac{1}{2}$にした方眼紙をつくり，対応する点を順にとって，それを線でつなぎます。

答 右の図

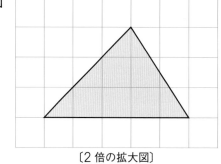

〔$\frac{1}{2}$の縮図〕

〔2倍の拡大図〕

ある図形の拡大図や縮図では，対応する辺の比はすべて等しく，対応する角の大きさは等しくなります。

問題3 拡大と縮小──辺や角を使って

辺や角の大きさを調べて，右の三角形の2倍の拡大図をかきましょう。

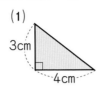

● 拡大図をかくときは，
対応する辺
対応する角
に目をつける。

考え方

2倍の拡大図をかくには，対応する辺の長さを2倍にして，対応する角の大きさが等しくなるようにします。
(1)では，辺の長さを6cm，8cm，(2)では辺の長さを10cmにして，角はもとの図形と等しくなるようにかきます。

答
(1)

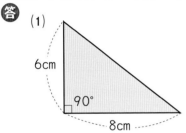

(2)

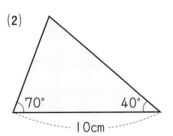

拡大図・縮図でも角の大きさはもとの図形と同じ。

問題4 拡大と縮小──1つの点を中心にして

右の四角形GBEFは，四角形ABCDを2倍に拡大したものです。また，四角形JBHIは，四角形ABCDを$\frac{1}{2}$に縮小したものです。
点G，点Jはどのようにして決めたのでしょう。

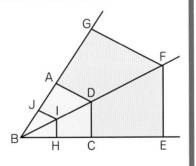

● 左の図では，点Bを決めて，点Bからのきょりを2倍にのばして四角形GBEFをかいている。
このようにして拡大図をかく方法を
点Bを中心にして2倍に拡大する
という。

考え方

拡大図や縮図をかくときに，もとになる図形の中の1つの点を決め，その点からのきょりをのばしたりちぢめたりしてかく方法があります。
上の図では，点GはBGの長さがBAの2倍になるようにしてあります。また，BFはBDの2倍，BEはBCの2倍になっています。
点JはBAを2等分する点になっています。(I，HはBD，BCを2等分する点)

答 G，JはBAを2倍，2等分した点。

教科書のドリル

答え → 別冊18ページ

❶ 〔拡大図と縮図〕

図をみて，下の問いに答えましょう。

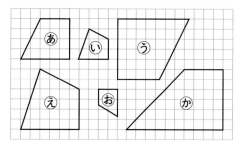

(1) あの四角形の拡大図はどれですか。

（　　　　　）

(2) あの四角形の縮図はどれですか。

（　　　　　）

❷ 〔縮図の性質〕

右の図で

(1) 三角形ADE
は三角形ABC
の何分の1の縮
図でしょう。

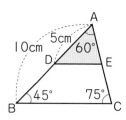

（　　　　　）

(2) 三角形ADEの角Eの大きさは何度で
しょう。

（　　　　　）

❸ 〔拡大図をかく〕

下の方眼紙に，右の
図形の2倍の拡大図を
かきましょう。

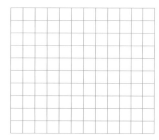

❹ 〔拡大図と縮図をかく〕

点Bを中心にして，下の四角形の3倍
の拡大図をかきましょう。また，$\frac{2}{3}$の縮図
をかきましょう。

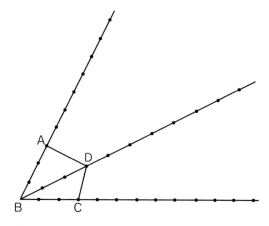

❺ 〔縮図の性質〕

下の三角形いは，三角形あをうら返し
た縮図です。

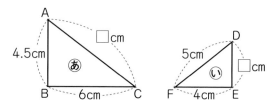

(1) 辺BCと辺EFの長さの比を書きまし
ょう。

（　　　　　）

(2) 角Aに対応する角はどれでしょう。

（　　　　　）

(3) 辺AC，辺DEの長さを求めましょう。

AC（　　　　　）

DE（　　　　　）

❻ 〔縮図をかく〕

右の三角形の$\frac{1}{4}$の縮
図をかきましょう。

テストに出る問題

答え → 別冊18ページ
時間30分　合格点80点　得点　／100

1 右の図の三角形ABCは，三角形DEFを $\frac{2}{3}$ に縮小した三角形です。　［各10点…合計30点］

(1) 点Eに対応する点はどれでしょう。

〔　　　　　　　〕

(2) 角Dは何度でしょう。

〔　　　　　　　〕

(3) 辺DEは何cmでしょう。

〔　　　　　　　〕

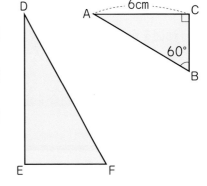

2 右の図で三角形ABCは，三角形ADEの拡大図です。

［各10点…合計30点］

(1) 辺DEは何cmでしょう。　〔　　　　　　〕
(2) 角Bに対応する角はどの角でしょう。　〔　　　　　　〕
(3) 三角形ADEの面積を求めましょう。　〔　　　　　　〕

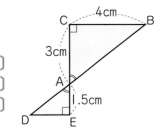

3 下の図形の2倍の拡大図をかきましょう。　［20点］

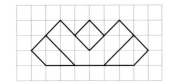

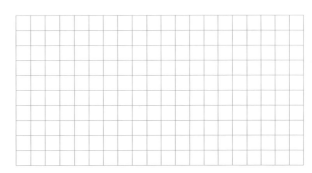

4 右の四角形ABCDの中へ，四角形ABCDの $\frac{1}{2}$ の縮図をかき入れましょう。　［20点］

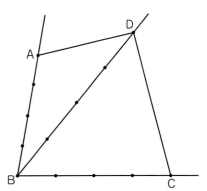

2 縮図の利用

問題 1 縮図と縮尺

地図をかくときに，2kmの鉄道の長さを4cmの長さに縮めて表しました。
この地図の縮めた割合を求めましょう。

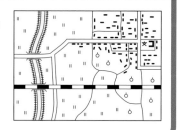

2kmを4cmに縮めているので，単位をそろえて縮めた割合（縮尺）を求めます。

2km＝200000cmですから，縮めた割合は

$$4÷200000＝\frac{4}{200000}＝\frac{1}{50000}$$

答 $\frac{1}{50000}$

コーチ

● 縮図で，実際の長さを縮めた割合が縮尺である。縮尺を表すには次の方法がある。

$$\frac{1}{50000}$$

1：50000

実際の長さ2000mを，縮図ではこの長さで表している

問題 2 縮図の利用

花だんの両はしに2本の木A，Bが立っています。C地点からA，Bを見通して，長さや角をはかったら，右のようでした。縮尺1：1000の図をかいて，2本の木の間のきょりを求めましょう。

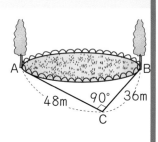

コーチ

● 縮図を利用すれば，木の高さや川のはばなど，直接はかれないようなところの長さをはかることができる。

$$縮尺＝\frac{縮図上の長さ}{実際の長さ}$$

縮図上の長さ
＝実際の長さ×縮尺

実際の長さ
＝縮図上の長さ÷縮尺

三角形ABCの縮図をかいて，ABの長さをはかります。
縮尺が1：1000ですから，縮図上では

ACは　$4800×\frac{1}{1000}＝4.8$（cm）

BCは　$3600×\frac{1}{1000}＝3.6$（cm）

となり，右の縮図がかけます。

右の図で，ABの長さは6cmとなるので，実際の長さは　$6÷\frac{1}{1000}＝6000$（cm）

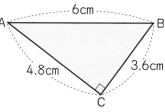

答 60m

テストに出る問題

答え → 別冊19ページ　時間30分　合格点80点　得点　／100

1 みのるさんの学級の学級園は，縦10m，横15mの長方形です。
この学級園の$\frac{1}{200}$の縮図をかくには，縦，横をそれぞれ何cmにすればよいでしょう。
［20点］

縦〔　　　　　〕　横〔　　　　　〕

2 $\frac{1}{50000}$の地図の上で10cmある長さは，$\frac{1}{250000}$の地図の上では何cmになるでしょう。
［15点］

〔　　　　　〕

3 右の図は，橋の長さABを求めようとしてかいた$\frac{1}{500}$の縮図で，BCの長さは6cmです。
三角形ABCをかいてABの長さをはかり，実際の橋の長さを求めましょう。［15点］

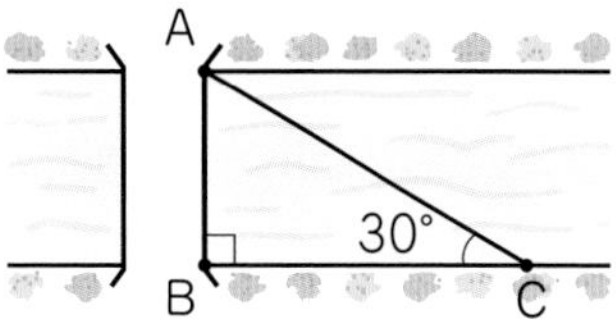

〔　　　　　〕

4 下の表㋐，㋑，㋒，㋓にあてはまる数を求めましょう。［各5点…合計20点］

実際の長さ	40m	5km	㋒　km	10km
縮尺	$\frac{1}{1000}$	1：㋑	$\frac{1}{50000}$	2万分の1
縮図上の長さ	㋐　cm	10cm	5cm	㋓　cm

5 右の図は，学校のしき地を縮図に表したものです。［各15点…合計30点］

(1) 辺AB，AD，DCの長さは下のとおりです。
辺AB… 3.2cm，辺AD… 4.5cm，辺DC… 4.8cm
辺AB，AD，DCの実際の長さを求めましょう。

AB〔　　　　　〕　AD〔　　　　　〕　DC〔　　　　　〕

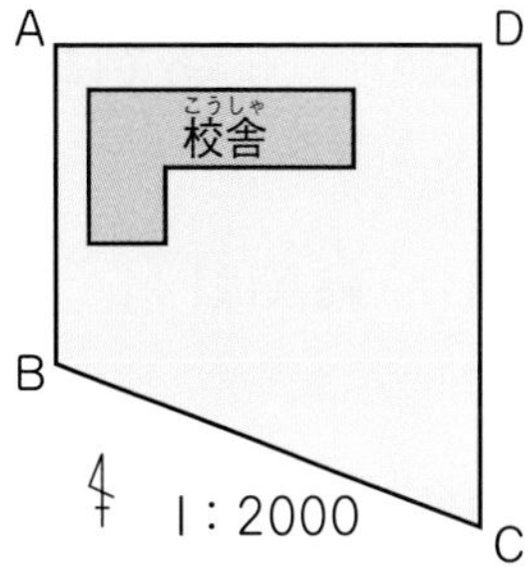

(2) しき地の実際の面積を求めましょう。

〔　　　　　〕

入試レベルの問題①

答え ➡ 別冊19ページ
時間30分　合格点70点
得点　　／100

1 次の(1)の図をOを中心にして2倍に拡大した図をかきましょう。また，(2)の図をOを中心にして$\frac{1}{2}$に縮小した図をかきましょう。[各15点…合計30点]

(1)

(2)

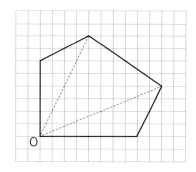

2 右の図は，三角形ABCを縮小して三角形ADEをつくったところを示しています。

AD…9cm，AB…18cm，AE…7.5cm，DE…7.5cmのとき，EC，BCの長さはどれだけでしょう。[各10点…合計20点]

EC〔　　　　　〕　　BC〔　　　　　〕

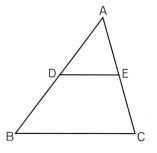

3 右のようなアパートの高さは，何mあるでしょう。縮図をかいて，実際の高さを求めましょう。[20点]

〔　　　　　〕

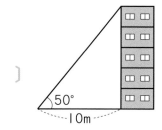

4 右の図は，縦ABが50m，横ADが75mの長方形の両側に半円をくっつけた形のトラックの縮図です。

次の□にあてはまる数を求めなさい。なお，円周率は3.14として計算しなさい。[各15点…合計30点]

(1) 縮尺は1：□です。

〔　　　　　〕

(2) 実際のトラックの周の長さは□mです。

〔　　　　　〕

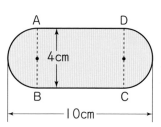

1 次の□にあてはまる数を求めなさい。　[各10点…合計30点]

(1) 縮尺 $\frac{1}{10000}$ の地図で2.4cmの道のりは，実際には□kmになります。

〔　　　　　〕

(2) 1：100000の地図では，6.38kmの道のりは□cmです。

〔　　　　　〕

(3) $\frac{1}{2000}$ の縮図で，縦3cm，横4cmのプールの実際の面積は□m²です。

〔　　　　　〕

2 ⓘの三角形はⓐの三角形を3倍に拡大したものです。次の問題に答えなさい。　[各10点…合計40点]

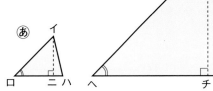

(1) ロの角が45°のとき，への角は何度ですか。

〔　　　　　〕

(2) 辺ロハが2.5cmのとき，辺ヘトは何cmですか。

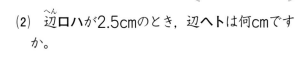

〔　　　　　〕

(3) 高さホチが6cmのとき，高さイニは何cmですか。

〔　　　　　〕

(4) ⓐの三角形とⓘの三角形の面積の比を，できるだけ簡単な整数の比で表しなさい。

〔　　　　　〕

3 右の図は，辺BCの長さが9cmの三角形ABCの頂点Bを中心にして2倍に拡大した図が三角形DBEで，三角形DBEを頂点Eを中心にして2倍に拡大した図が三角形FGEです。　[各10点…合計30点]

(1) 三角形ABCを何倍した図が三角形FGEでしょう。

〔　　　　　〕

(2) (1)で，その拡大の中心になる点をOとすると，点Oは図の中のどこにありますか。図の中に記入しましょう。

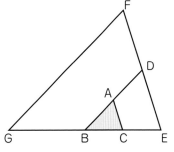

(3) (2)で，BOの長さは何cmでしょう。

〔　　　　　〕

おもしろ算数

大きくうつそう

答え → 150ページ

王さまの絵を方眼を利用して2倍の大きさにかいてみましょう。

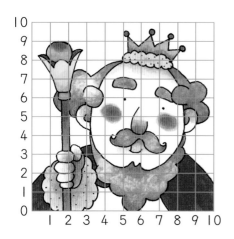

左の絵をもっと大きくかこう

2倍に拡大した絵にするのだ

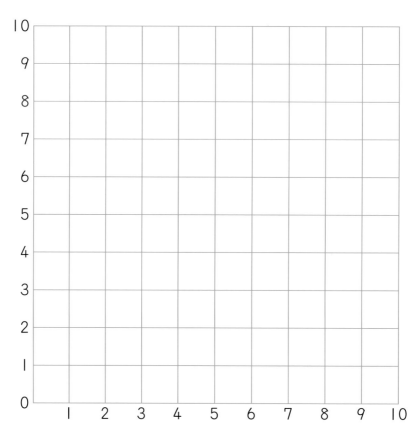

72

7 角柱や円柱の体積

教科書の
まとめ

★ 角柱や円柱の体積

▶ 角柱の体積＝底面積×高さ
円柱の体積＝底面積×高さ
　　　　　＝半径×半径×3.14×高さ

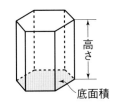

高さ

底面積

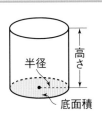

高さ

半径

底面積

1 角柱や円柱の体積

問題1 角柱の体積

右のように，底面の三角形が，底辺6cm，高さ5cmの三角形で，高さが1cmである三角柱の体積を求めましょう。

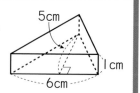

 考え方

三角柱の体積を，右の図のように**直方体の体積の半分**と考えると

$$6×5×1÷2＝15（cm^3）$$

となります。
この体積は，三角柱の底面積（底面の面積）を表す数と同じになります。
つまり，底面積は

$$6×5÷2＝15（cm^2）$$

で，体積は高さが1cmですから

$$15×1＝15（cm^3）$$

となります。

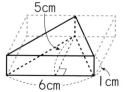

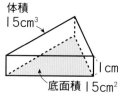

体積
15cm³

底面積 15cm²

答 15cm³

● 高さが1cmの角柱の体積を表す数は，その角柱の底面積を表す数と等しくなる。

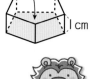

体積は底面積と同じ数

問題2 角柱の体積の公式

右の図のような三角柱があります。
この体積を求めましょう。

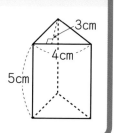

 考え方

高さが5cmの三角柱の体積は，高さが1cmの三角柱の体積の5倍になります。
高さが1cmの三角柱の体積は $4×3÷2×1＝6（cm^3）$
ですから，高さが5cmの三角柱の体積は

$$（4×3÷2）×5＝30（cm^3）$$

つまり，角柱の体積は，次の公式で求められます。

角柱の体積＝底面積×高さ

 答 30cm³

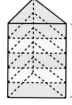

5等分した高さ1cmの三角柱の体積の5倍

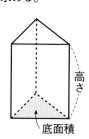

● 角柱の体積は，
底面積×高さ
で求める。

高さ

底面積

角柱の体積＝底面積×高さ
円柱の体積＝底面積×高さ＝半径×半径×3.14×高さ

問題3 円柱の体積の公式

右の図のような円柱があります。
この円柱の体積を求めましょう。

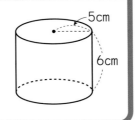

コーチ

● 円柱の体積は
底面積×高さ
＝半径×半径×3.14
　×高さ
で求める。

考え方
高さが1cmの円柱の体積を表す数は，その円柱の底面積を表す数と同じになるから

5×5×3.14×1＝78.5(cm³)

高さが6cmの円柱の体積は，高さが1cmの円柱の体積の6倍になるので

5×5×3.14×6＝471(cm³)

答 471cm³

もっとくわしく
つまり，円柱の体積は次の公式で求められます。
円柱の体積＝底面積×高さ

問題4 高さや底面積を求める

右の図の円柱で，(1)では高さを，(2)では底面積を求めましょう。

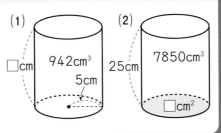

コーチ

● 体積の公式は，次のようにも使うことができる。
高さ＝体積÷底面積
底面積＝体積÷高さ

考え方
円柱の体積を求める公式 **体積＝底面積×高さ** にあてはめると，(1)では

$\underline{5×5×3.14×□}＝942$
　この部分が底面積

この□にあたる数を求めればよいのだから

　□＝942÷(5×5×3.14)　　□＝942÷78.5＝12

(2)も，同じように体積を求める公式にあてはめると

　□×25＝7850　　□＝7850÷25＝314

答 (1) 12(cm)　　(2) 314(cm²)

高さや底面積を求めるときも，公式が使える。

教科書のドリル

答え → 別冊20ページ

1 〔立体の体積〕

次の立体の体積を求めましょう。

(1)

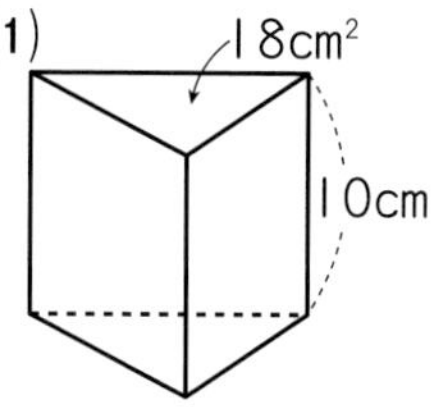
18cm²
10cm

（　　　　）

(2)

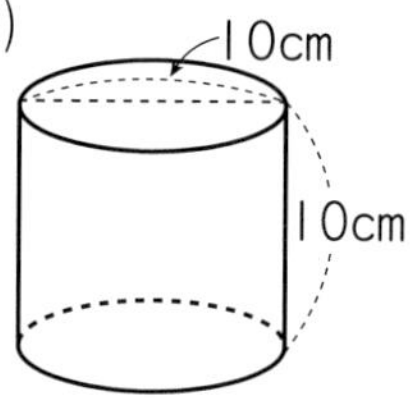
10cm
10cm

（　　　　）

(3)

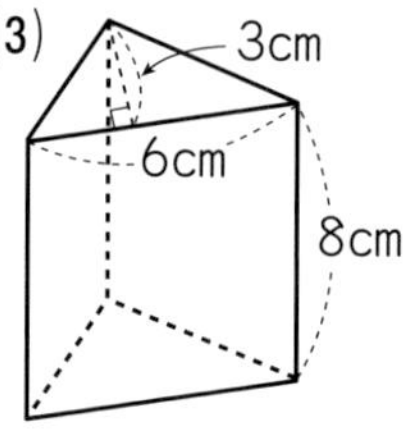
3cm
6cm
8cm

（　　　　）

(4)

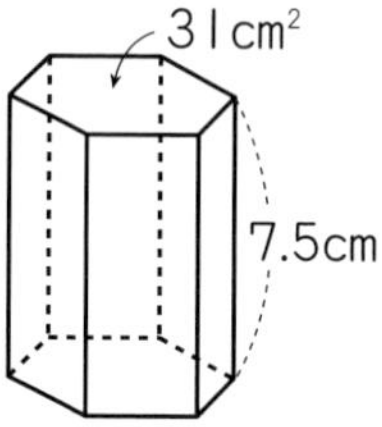
31cm²
7.5cm

（　　　　）

2 〔辺の長さ〕

次の□にあてはまる数を求めましょう。

(1)

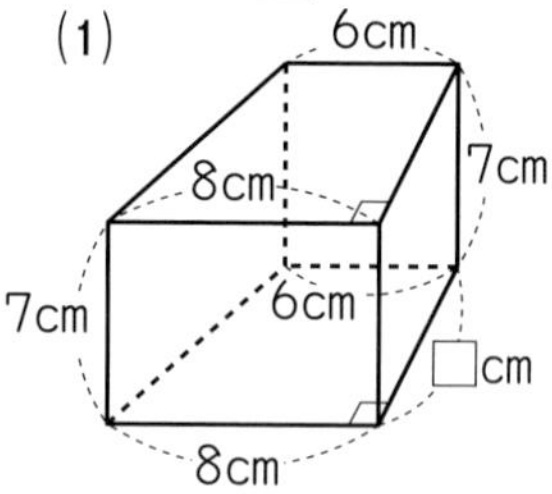
6cm
8cm
7cm
7cm
6cm
□cm
8cm

体積 490cm³

（　　　　）

(2)

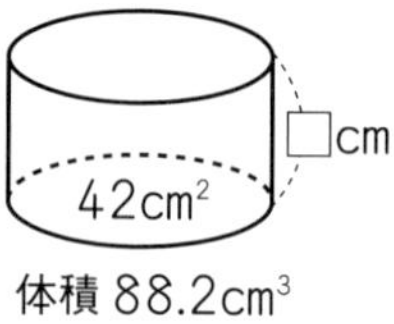
□cm
42cm²

体積 88.2cm³

（　　　　）

3 〔立体の体積〕

右のような家の形をした立体があります。この立体の体積を求めましょう。

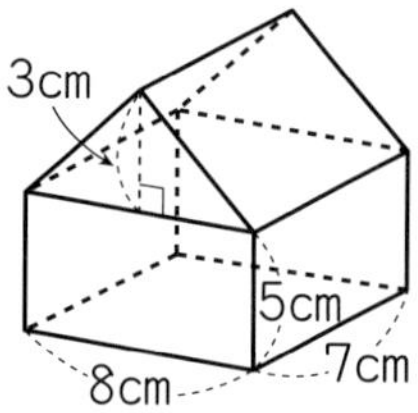
3cm
5cm
8cm
7cm

（　　　　）

4 〔体積を比べる〕

右の図は大きさのちがう２つの円柱です。

A，Bの体積はどちらがどれだけ大きいでしょう。

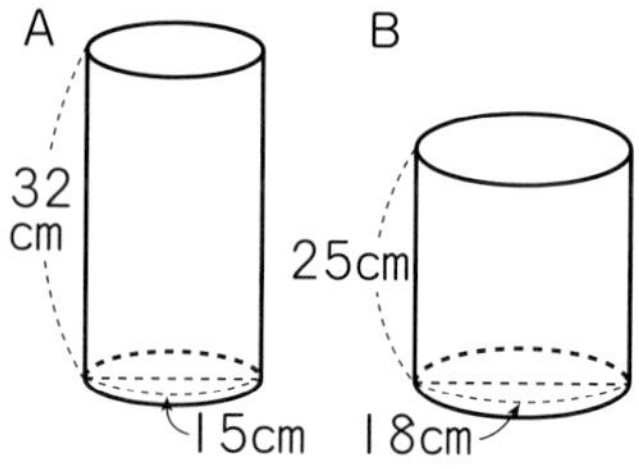
A
B
32
cm
25cm
15cm
18cm

（　　　　）

5 〔水の体積〕

縦10cm，横15cm，高さ８cmの直方体の容器に水をいっぱい入れ，容器を図のようにかたむけました。

このとき，容器に残っている水の体積を求めましょう。

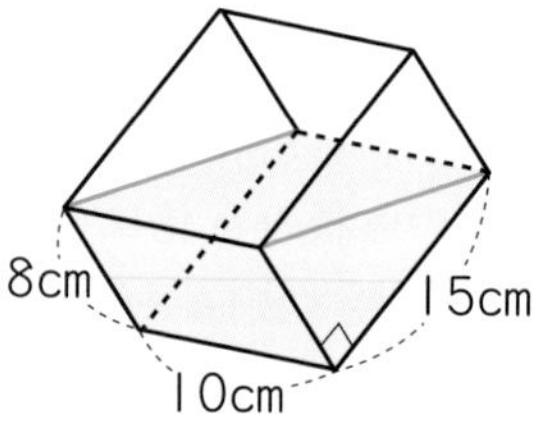
8cm
15cm
10cm

（　　　　）

6 〔雨の量〕

右の図は，ある学校の運動場です。

ある日の雨量は50mmでした。

運動場に降った雨は，何m³だったでしょう。

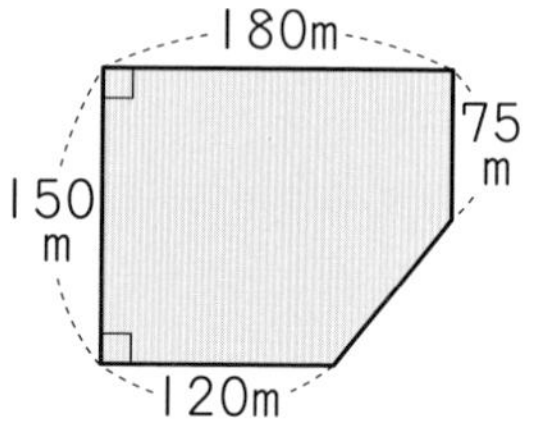
180m
75
m
150
m
120m

（　　　　）

7 〔水の深さ〕

内のりの直径が10cmの円柱の形をした入れものに，314cm³の水をいれました。水の深さは何cmでしょう。

（　　　　）

テストに出る問題

1 下の図のような角柱と円柱の体積を求めましょう。　[各10点…合計40点]

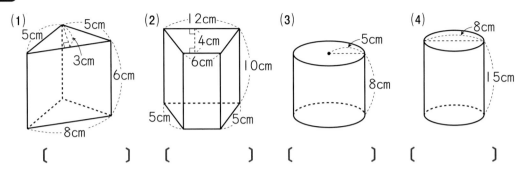

(1) 5cm 5cm 3cm 6cm 8cm

(2) 12cm 4cm 6cm 10cm 5cm 5cm

(3) 5cm 8cm

(4) 8cm 15cm

〔　　　　　　〕　〔　　　　　　〕　〔　　　　　　〕　〔　　　　　　〕

2 右のような展開図を組み立てて，立体をつくります。

[各10点…合計20点]

(1) できる立体の名まえを書きましょう。

〔　　　　　　　　〕

(2) できる立体の体積を求めましょう。

〔　　　　　　　　〕

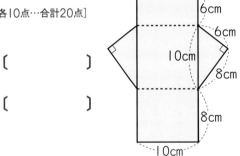

6cm
6cm
10cm
8cm
8cm
10cm

3 右の図は，ある立体を真正面と真上から見た図です。[各10点…合計20点]

(1) この立体の名まえを書きましょう。

〔　　　　　　　　〕

(2) この立体の体積を求めましょう。

〔　　　　　　　　〕

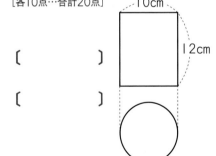

10cm
12cm

4 右の図のような円柱の形をした容器A，Bがあります。
Aの容器に水を9cmの深さまで入れて，それをBの
容器に移すと，Bの水の深さは何cmになるでしょう。

[20点]

〔　　　　　　　　〕

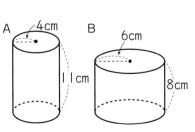

A 4cm 11cm　　B 6cm 8cm

❶ 1辺10cmの立方体を, 右のように2つの部分に分けました。小さいほうの立体の体積を求めなさい。

ただし, ①の曲線は半径10cmの円周の一部です。円周率は3.14とします。 [20点]

〔　　　　　〕

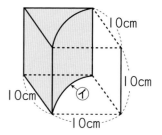

❷ 図のような立体があります。 [各15点…合計30点]

(1) この立体の体積を求めなさい。

〔　　　　　〕

(2) 底面の縦, 横の長さを変えないで, この立体の体積と同じ直方体につくり変えたときの直方体の高さを求めなさい。

〔　　　　　〕

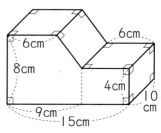

❸ 右の図のように, 三角柱の容器に深さ12cmまで水を入れてあります。(容器の厚さは考えない。) [各10点…合計30点]

(1) 水面(色の部分)の面積を求めなさい。

〔　　　　　〕

(2) 水の体積を求めなさい。

〔　　　　　〕

(3) この容器の三角形が底面となるようにたおしたとき, 水の深さはいくらですか。

〔　　　　　〕

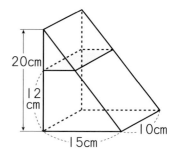

❹ 図のような池があります。この池の面ABCDは, 縦120cm, 横95cmの長方形, 底の面EFGHは, 縦120cm, 横45cmの長方形, 面AEFBとDHGCは, 高さ60cmの台形, また, 面AEHDと面BFGCは長方形です。
この池について, 次の問いに答えなさい。 [各10点…合計20点]

(1) この池には, 何Lの水が入りますか。

〔　　　　　〕

(2) この池に, 1分間に9Lの割合で水を入れると, 深さ30cmになるには何分かかりますか。

〔　　　　　〕

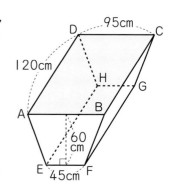

8 比例と反比例

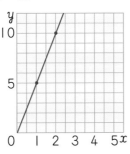

★ 比例

▶ **比例の意味**　ともなって変わる2つの量 x，yがあって，xの値が2倍，3倍，…になると，それに対応するyの値も2倍，3倍，…になるとき，「yはxに比例（正比例）する」という。

	2倍	3倍			
x	1	2	3	4	5	…
y	5	10	15	20	25	…

2倍　3倍

▶ **比例の式**

対応する値の商が決まった数になる

$y \div x =$ 決まった数

$y =$ 決まった数 $\times x$

▶ **比例のグラフ**　比例する2つの量を表すグラフは，0を通る直線

★ 反比例

▶ **反比例の意味**　ともなって変わる2つの量 x，yがあってxの値が2倍，3倍，…になると，それに対応するyの値が$\frac{1}{2}$，$\frac{1}{3}$，…になるとき，「yはxに反比例する」という。

	2倍	3倍			
x	1	2	3	4	5	…
y	12	6	4	3	2.4	…

$\frac{1}{2}$　$\frac{1}{3}$

▶ **反比例の式**

対応する値の積が決まった数になる

$x \times y =$ 決まった数

$y =$ 決まった数 $\div x$

▶ **反比例のグラフ**　反比例する2つの量を表すグラフは，なめらかな曲線

1 比 例

問題1 比例の意味

次の表は、電池で動くロボットの歩いた時間ときょりの関係を表したものです。

時間 x（分）	1	2	3	4	5	6
きょり y（m）	3	6	9	12	15	18

(1) 分速何mで歩くことになるでしょう。また、分速は時間がたつにつれて変わっていくでしょうか。

(2) 時間がたつと、きょりはどう変わっていくでしょう。

コーチ

● ともなって変わる2つの量 x, y があって、x の値が
2倍, 3倍, …
になると、
y の値も
2倍, 3倍, …
になるとき、
y は x に比例する
という。

 考え方

(1) 速さは、きょり÷時間で求めます。
$3÷1=3$, $9÷3=3$, …
となるので、分速は 3 m です。
$y÷x$ は、上の表のどの部分をとっても変わらないので、分速は 3 m でいつも同じです。

答 分速 3 m, 変わらない

(2) 時間がたつと、きょりもふえていきます。
右のように、時間が 2倍, 3倍, …, となると、それにともなって、きょりも 2倍, 3倍, …, になります。つまり、きょりは時間に比例します。

答 きょりも時間と同じ割合でふえていく

問題2 比例の性質

右の表で、x の値をもとにしたとき、それに対応する y の値の割合、$y÷x$ を調べましょう。

時間 x（分）	1	2	3	4
きょり y（m）	3	6	9	12

コーチ

● y が x に比例するとき、x の値で、それに対応する y の値をわると、結果はいつも同じ数になる。

 考え方

y を x でわると
$3÷1=3$, $6÷2=3$, $9÷3=3$, …となっています。
商はいつも 3 になっています。
$y÷x$ の答えは決まった数になります。

答 $y÷x=3$

比例する2つの量 x, y の関係を表す式は, $y=$ 決まった数 $\times x$ で, グラフは 0 の点を通る直線になります。

問題 3 比例の式

下の表は, 正方形の I 辺の長さ x cmと, まわりの長さ y cmを表したものです。

I辺 x (cm)	I	2	3	4	5
まわり y (cm)	4	8	12	16	20

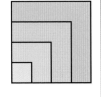

まわりの長さ y を, I 辺の長さ x を使った式で表しましょう。

 y の値は, いつも対応する x の値の 4 倍になっています。

$$\boxed{まわりの長さ}=4\times\boxed{I辺の長さ} \longrightarrow y=4\times x$$

答 $y=4\times x$

問題 4 比例のグラフ

下の表は, 針金の長さと重さの関係 $y=20\times x$ を表したものです。

長さ x (m)	0	I	2	3	4	5
重さ y (g)	0	20	40	60	80	100

$y=20\times x$ のグラフを方眼紙にかきましょう。

 横軸に長さ x mを, 縦軸に重さ y gをとり, x と y の値の組を表す点をかきます。点を順につないでできた直線が $y=20\times x$ のグラフです。

答

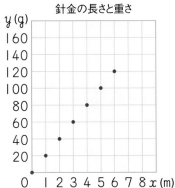

針金の長さと重さ

● 2 つの量 x, y があって, y が x に比例するとき, $y=$ 決まった数 $\times x$ と表すことができる。

決まった数は 4だな。

● 比例する 2 つの量の関係を表すグラフは, 縦軸と横軸の交わる点「0」を通る直線になる。

この点が｛長さ 3 m 重さ60g｝の点です。

教科書のドリル

答え → 別冊22ページ

1 〔比例しているもの〕

次のことがらのうち，ともなって変わる２つの量が比例しているのはどれでしょう。

㋐ 子の年令とその父の年令
㋑ 円の直径と円周
㋒ 正三角形の１辺の長さとまわりの長さ
㋓ 本のページ数とその値段
㋔ 時速50kmで走る自転車の走った時間と道のり

（　　　　）

2 〔高さと面積〕

底辺の長さを５cmと決めて平行四辺形をかくとき，高さ x cmと面積 y cm²の関係を表にして調べていきます。

x (cm)	0.5	1	1.5	㋑	2.5	㋓
y (cm²)	2.5	㋐	7.5	10	㋒	15

(1) 上の表の㋐～㋓にあてはまる数を入れましょう。

(2) 高さが８cmのときの面積は，何cm²でしょう。

（　　　　）

(3) x と y の関係を式に表しましょう。

（　　　　）

3 〔式に表す〕

次の x と y の関係を式に表しましょう。

(1) １cm²の重さが0.8gの板ガラスがあります。この板ガラスの面積 x cm²とその重さ y gの関係。

（　　　　）

(2) 電車が分速900mで走っています。この電車の走った時間 x 分と進んだきょり y mの関係。

（　　　　）

4 〔比例のグラフ〕

右のグラフは，鉄の量と重さの関係を表したものです。

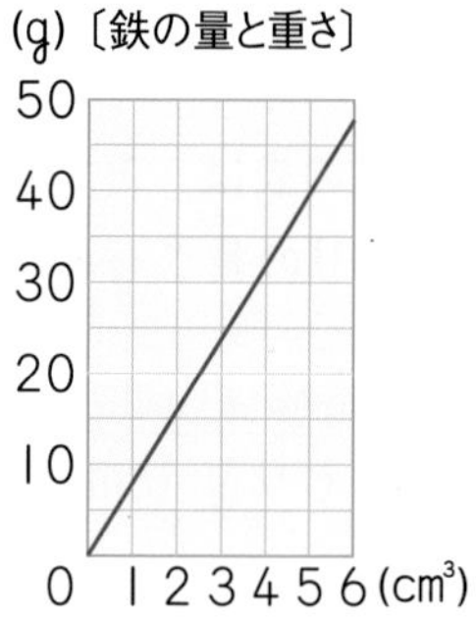

(1) 鉄の重さは，鉄の量に比例するでしょうか。

（　　　　）

(2) この鉄５cm³の重さは何gでしょう。

（　　　　）

(3) この鉄20gの量は何cm³でしょう。

（　　　　）

5 〔時間ときょり〕

次の表は，おもちゃのロボットの歩いた時間 x 分ときょり y mの関係を表したものです。

x (分)	1	2	3	4	5	6	
y (m)	2	4	6	8	10	12	

時間 x 分と歩いたきょり y mとの関係をグラフに表しましょう。

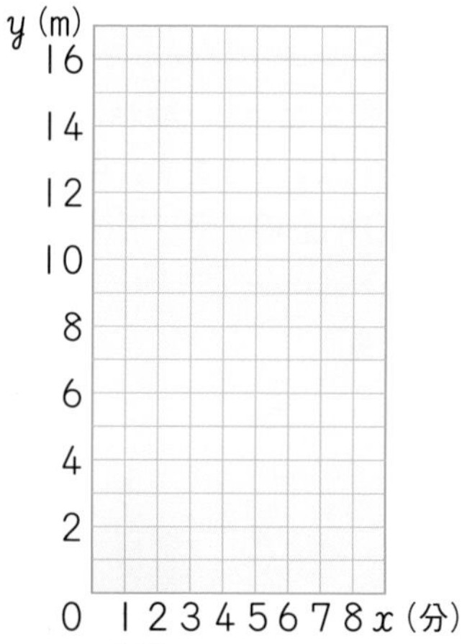

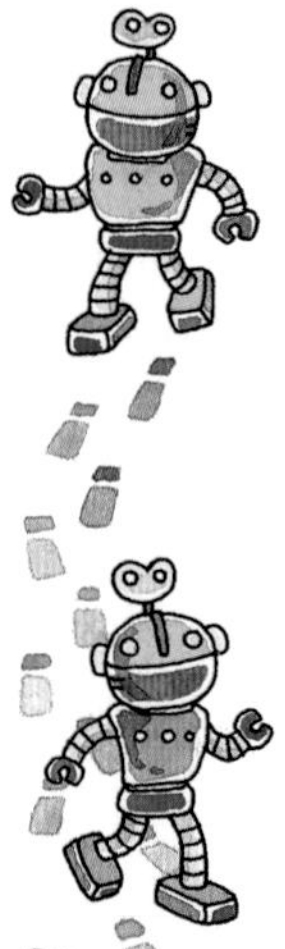

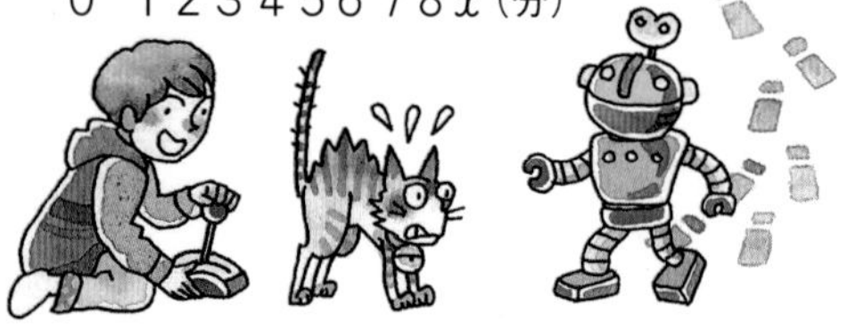

テストに出る問題

答え → 別冊22ページ　時間20分　合格点80点

得点	/100

1 次のうちで，正しいのはどれでしょう。［10点］

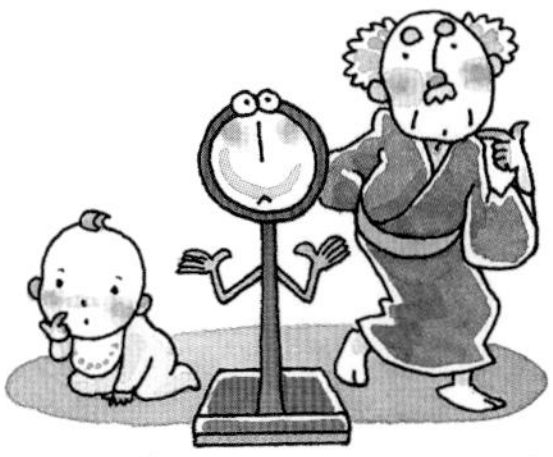

㋐ 正方形のまわりの長さは，1辺の長さに比例します。
㋑ 太さが同じ針金の重さは，その長さに比例します。
㋒ 電車の運賃は，乗った道のりに比例します。
㋓ 人の体重は，年令に比例します。
㋔ 自転車の車輪のまわる回数は，進んだ道のりに比例します。

〔　　　　〕

2 下の表は，よしとさんが歩いているときの，歩いた時間 x 分と道のり y mの関係を表したものです。［各15点…合計30点］

x（分）	1	㋑	3	4	㋓	6	
y（m）	㋐	140	㋒	280	350	㋔	

(1) 表の㋐～㋔に，あてはまる数を入れましょう。
(2) x と y の関係を式に表しましょう。　〔　　　　〕

3 高さが8cmの三角形の，底辺の長さ x cmと面積 y cm²の関係を調べました。
［各15点…合計30点］

(1) 右の表から，x と y の関係を式に表しましょう。
〔　　　　〕

x（cm）	1	2	3	4	5
y（cm²）	4	8	12	16	20

(2) 面積が72cm²のときの底辺は何cmでしょう。　〔　　　　〕

4 1mの重さが1.5gの針金があります。この針金の長さ x mと重さ y gの関係は，下の表の通りです。
［各15点…合計30点］

x（m）	1	2	3	4	
y（g）	1.5	3	4.5	6	

(1) x と y の関係を式に表しましょう。
〔　　　　〕
(2) x と y の関係を表すグラフをかきましょう。

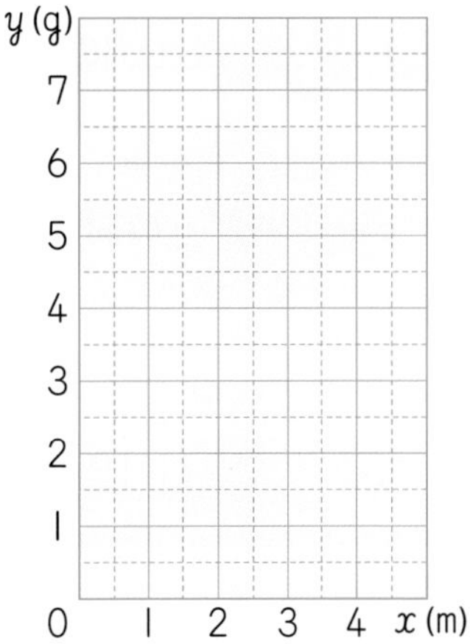

② 反比例

問題 1 反比例の意味

コーチ

下の表は，面積が12cm²の長方形の，縦 x cmと横 y cmの関係を表したものです。

縦 x (cm)	1	2	3	4	5	6
横 y (cm)	12	6	4	3	2.4	2

縦の長さが変わると，それにともなって横の長さがどのように変わるか調べましょう。

● ともなって変わる2つの量 x と y があって，x の値が2倍，3倍，…になると，y の値が $\frac{1}{2}$，$\frac{1}{3}$，…になるとき y は x に反比例するという。

考え方 面積が決まっているので，横が長くなれば縦は短くなります。

横が長くなると

縦は短くなる

答 縦（ x cm）が2倍，3倍，…になると，それにともなって横（ y cm）は $\frac{1}{2}$，$\frac{1}{3}$，…になっていきます。

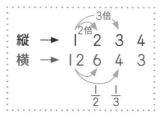

問題 2 反比例の性質

コーチ

下の表は，自転車で18kmはなれたところへ行くときの，時速 x kmと時間 y 時間を表しています。時速とそれに対応する時間の積を求めてみましょう。

時速 x (km)	1	2	3	4	5
時間 y (時間)	18	9	6	4.5	3.6

● y が x に反比例するとき，x の値とそれに対応する y の値の積はいつも決まった数になっている。
$x \times y$
＝決まった数

考え方 x とそれに対応する y の積は
$1 \times 18 = 18$，$2 \times 9 = 18$，$3 \times 6 = 18$，…
のように，いつも18になっています。

答 $x \times y = 18$

たいせつ
ポイント
反比例する2つの量 x，y の関係を表す式は $y =$ 決まった数 $\div x$
で，グラフはなめらかな曲線になります。

問題 3 反比例の式

下の表は，自動車で240kmはなれた道のりを，いろいろな速さで走ったときの時速とかかる時間を表したものです。

時速 x (km)	10	20	30	40	50	60
時間 y (時間)	24	12	8	6	4.8	4

時間 y を，時速 x を使った式で表しましょう。

 考え方

時速を x km，かかる時間を y 時間とすると，全体の道のりは240kmですから，次の関係があります。

かかった時間 $=240\div$ 時速 → $y=240\div x$

答 $y=240\div x$

 コーチ

● 2つの量 x，y があって，y が x に反比例するとき，
$y =$ 決まった数 $\div x$
と表すことができる。

決まった数は
240
だね。

問題 4 反比例のグラフ

下の表は，面積が24cm²の長方形の，縦と横の長さの関係 $y =24\div x$ を表したものです。これから $y =24\div x$ のグラフをかきましょう。

横 x (cm)	1	2	3	4	6	8	12	24
縦 y (cm)	24	12	8	6	4	3	2	1

 考え方

横の軸に x cmを，縦の軸に y cmをとり，x と y の値の組を表す点をかきます。これらの点をつないだものが
$y =24\div x$ のグラフです。

 コーチ

● 反比例する2つの量を表すグラフは，点をたくさんとってつなぐと，なめらかな曲線になる。

グラフは
直線には
ならないよ。

答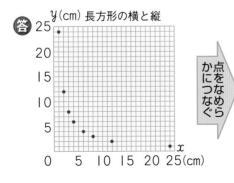

点をなめらかにつなぐ

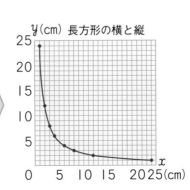

8 比例と反比例 **85**

教科書のドリル

答え → 別冊22ページ

1 〔反比例するもの〕

次のことがらのうち，２つの量が反比例するのはどれでしょう。

㋐　面積が$60cm^2$の平行四辺形の底辺の長さと高さ

㋑　１日の昼の長さと夜の長さ

㋒　正方形の１つの辺の長さと面積

㋓　120kmの道のりを自動車で行くときの，自動車の時速とかかる時間

（　　　　）

2 〔長さと本数の関係〕

360cmの針金を等分したとき，等分した１本分の長さと本数の表をつくります。下の表のあいているところに，数を書き入れましょう。

１本分の長さ（cm）	20	30	40	60
本数（本）				

3 〔面積一定の平行四辺形〕

面積が$60cm^2$の平行四辺形をかこうと思います。

(1)　底辺の長さを１cm，２cm，…，６cmとしたときの高さを，下の表に書き入れましょう。

底辺 x（cm）	1	2	3	4	5	6
高さ y（cm）						

(2)　高さ$y$cmを底辺$x$cmを使った式で表しましょう。

（　　　　）

4 〔比例・反比例の式〕

次のxとyの関係を調べ，比例か反比例の式に表しましょう。

(1)　１冊80円のノートを買ったときの，冊数x冊と代金y円

（　　　　）

(2)　60kmはなれた地点へ行くときの，分速$x$kmと時間y分

（　　　　）

(3)　180cmのリボンを何人かで等分するときの，分ける人数x人と１人分の長さ$y$cm

（　　　　）

5 〔面積一定の長方形〕

下のグラフは面積が$60cm^2$の長方形をかくときの，縦の長さと横の長さの関係を表したものです。

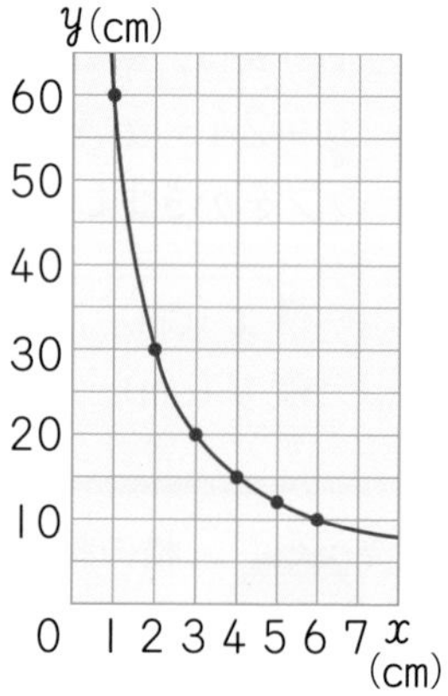

(1)　縦を30cmにすると，横は何cmになるでしょう。

（　　　　）

(2)　横を４cmとするには，縦を何cmにすればよいでしょう。

（　　　　）

6 〔水量と時間の関係〕

容積300Lの水そうに水を入れます。１分間に入る水の量（xL）といっぱいになるまでの時間（y分）とは，反比例します。

xとyの関係を式に表しましょう。

（　　　　）

テストに出る問題

1 次のことがらのうち，2つの量が正比例しているものに「正」，反比例しているものに「反」を書き，それぞれ x と y の関係を式に表しなさい。 [各10点…合計40点]

(1) 1本50円のえん筆 x 本と代金 y 円

〔　　　　　〕

(2) 160kmの道のりを自動車で行くとき，自動車の時速 x kmとかかる時間 y 時間

〔　　　　　〕

(3) 時速60kmの自動車が走るとき，走った時間 x 時間と，走った道のり y km

〔　　　　　〕

(4) 面積120cm²の長方形の縦の長さ x cmと横の長さ y cm

〔　　　　　〕

2 面積が36cm²の平行四辺形の底辺 x cmと高さ y cmの関係を調べました。

[各15点…合計30点]

(1) x と y の関係を表にしましょう。

底辺 x (cm)	1	2	3	4	5	6
高さ y (cm)						

(2) x と y の関係を式に表しなさい。

〔　　　　　〕

3 右のグラフは，水そうに24m³の水を入れるとき，水の量と時間の関係を表しています。

[各10点…合計30点]

〔1時間に入れる水の量とかかる時間〕

(1) 1時間に6m³ずつ水を入れると，何時間かかりますか。

〔　　　　　〕

(2) 3時間で水そうに水を入れ終わるには，1時間に何m³ずつ入れればよいでしょう。

〔　　　　　〕

(3) 右のグラフをみて，下の表のあいたところに数を入れなさい。

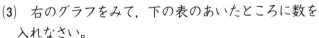

時間(時)	1	2	3	4	5	6
水の量(m³)						

3 比例・反比例の問題

問題1 比例の問題(1)

長い鉄の棒があります。この鉄の棒から5mだけ切りとって，その重さをはかったら2kgありました。次に，残った鉄の棒の重さをはかったら7kgありました。
残った鉄の棒の長さは何mでしょう。

コーチ

● 2つの数量が比例しているときは，決まった数を求めて，その数にかけたり，わったりして答えを求める。

 考え方 **長さと重さは比例するので，比例の関係を使って残りの長さを求めます。**

求め方は2通りあります。

〔決まった数を求める方法〕

決まった数は，5÷2=2.5

重さ7kgの鉄の棒の長さは，

長さ(m)	5	?
重さ(kg)	2	7

決まった数を求める

重さの割合を求める

長さ=決まった数×重さで求める

2.5×7=17.5 **答** 17.5m

〔重さの割合を求める方法〕

7kgの2kgに対する割合は 7÷2=3.5

重さ7kgの鉄の棒の長さは 5×3.5=17.5

答 17.5m

問題2 比例の問題(2)

右のような，厚さの等しいボール紙があります。
あは4.5g，いは7.5gありました。あの面積を求めましょう。

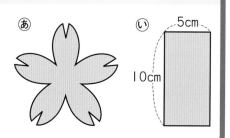

コーチ

● 同じ質の紙では，面積と重さは比例すると考える。

複雑な形をした図形では，左のような方法で面積を求められます。

 考え方 **ボール紙の面積と重さは比例する**ことから，あの面積を求めます。

あといの重さの割合は

4.5÷7.5=0.6

重さ4.5gのあの面積は，いの面積の0.6倍だから，あの面積は，

50×0.6=30 **答** 30cm²

	あ	い
面積(cm²)	?	50
重さ(g)	4.5	7.5

重さの割合は0.6

たいせつポイント　比例・反比例の関係を使って解く問題では，
まず，決まった数がどうなるのかに目をつけます。

問題 3　反比例の問題(1)

機械を 9 台使うと，10日間かかる仕事があります。
この仕事を15台の機械を使ってすると，何日間かかるでしょう。

コーチ

● 2 つの量が反比例しているときは，決まった数を求めて，その数にかけたり，わったりして答えを求める。

台数(台)	9	15
日数(日)	10	?

考え方　機械の台数とかかる日数とは反比例するので，反比例の関係から日数を求めます。
〔決まった数を求める方法〕

この仕事を 1 台ですると，9 倍の日数がかかると考えられます。
決まった数は9×10＝90(日)で，90です。
15台でするときかかる日数は

　　90÷15＝6(日)　　　　　　　　　　　　**答**　6日

　　　　　　　↑────── 日数＝決まった数÷台数で求める

〔台数の割合を求める方法〕

台数が 9 台のときと15台のときの割合は　9÷15＝0.6
15台でするときかかる日数は　10×0.6＝6(日)　　　　**答**　6日

問題 4　反比例の問題(2)

たがいにかみあっている歯車A，Bがあります。Aの歯数は36，Bの歯数は24です。
Bが18回まわると，Aは何回まわるでしょう。

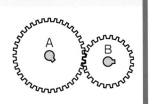

コーチ

● 歯車はかみあって回転するので，
歯数×回転数
は，2 つの歯車について同じ数になる。

	A	B
歯数	36	24
回転数	?	18

考え方　歯車の歯数と回転数は反比例します。
まず，歯車Aの歯数がBの歯数の何倍になっているかを計算します。

Aの歯数はBの歯数の

　　36÷24＝1.5(倍)

歯車の歯数と回転数とは反比例するので，Bが18回まわるときAは

　　18÷1.5＝12(回)

まわります。　　　　　　　　　　　　　　　　　　**答**　12回

　　Bの歯車は18回転すると，歯数が24×18＝432だけ動きます。Aの歯車は歯数が36だから，Aの歯車が歯数432動くためには，

　　432÷36＝12

で12回転します。　　　　　　　　　　　　　　　　**答**　12回

教科書のドリル

答え → 別冊23ページ

1 〔走るきょりとガソリンの量〕

こんど買ったスクーターは，3Lのガソリンで80km走ることができるそうです。
このスクーターで120km行くには，ガソリンが何Lいるでしょう。

（　　　　　　）

2 〔厚紙の鳥の面積〕

厚紙でつくった鳥の重さをはかったら，6gありました。同じ厚紙を1辺20cmの正方形に切りとって，重さをはかったら16gでした。
この厚紙の鳥の面積は，何cm²でしょう。

（　　　　　　）

3 〔銀の体積〕

銀の重さは，その体積に比例します。6cm³の銀の重さは，63gだそうです。
105gの銀の体積は，何cm³でしょう。

（　　　　　　）

4 〔おけに入る水の体積〕

水道管から水を出しています。5Lのますに水をいっぱい入れるのに，6秒かかりました。次に，同じ水道管を使っておけに水をいっぱい入れるのに24秒かかりました。
このおけには水が何L入るでしょう。

（　　　　　　）

5 〔仕事をしあげる日数〕

10人ですると，8日かかる仕事があります。
この仕事を4人ですると，何日でできるでしょう。

（　　　　　　）

6 〔いすを運ぶ時間と人数〕

体育館のいすを30分で運ぶには，48人が必要です。

(1) このいすを16人で運ぶと，何時間かかるでしょう。

（　　　　　　）

(2) 20分で運ぶには，何人必要でしょう。

（　　　　　　）

7 〔りんごの箱の数〕

りんごの入った箱が150箱あります。どの箱にも16個ずつ入っています。
このりんごを20個入りの箱につめかえると，箱は全部で何箱いるでしょう。

（　　　　　　）

8 〔歩く時間〕

時速4kmで歩くと45分かかる道のりを，時速5kmで歩くと，時間はどれだけかかるでしょう。

（　　　　　　）

1 リボンを12人で分けると，１人分が60cmになるそうです。 [各10点…合計20点]

(1) このリボンを15人で分けると，１人分は何cmになるでしょう。

〔　　　　　　　〕

(2) １人分を80cmにすると，何人に分けることができるでしょう。

〔　　　　　　　〕

2 たばになった針金があります。全体の重さは780gです。これと同じ針金４mの重さをはかったら，60gありました。たばになった針金の長さは何mでしょう。 [20点]

〔　　　　　　　〕

3 木の高さをはかろうと思って，そのかげの長さをはかったら3.3mありました。そのとき，長さ1.8mの棒を地上に立てて，かげの長さをはかったら1.08mありました。
この木の高さは何mでしょう。 [20点]

〔　　　　　　　〕

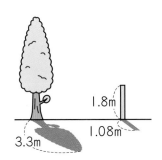

1.8m
1.08m
3.3m

4 急行電車が60km走る間に，普通電車は45km走ります。
急行電車が６時間で行くきょりを，普通電車では何時間かかるでしょう。 [20点]

〔　　　　　　　〕

5 本を読みはじめてから２時間で，その本の $\frac{3}{5}$ だけ読みました。
この割合で読むと，残りを読むのに何時間かかるでしょう。 [20点]

〔　　　　　　　〕

入試レベルの問題①

1 学校から図書館までは，分速60mで歩いて14分かかります。 [各10点…合計30点]

(1) この道を分速70mで歩くと，何分で行けるでしょう。

〔　　　　　〕

(2) 自転車で，6分で行こうと思うと，分速何mで走ればよいでしょう。

〔　　　　　〕

(3) この道を分速xmで行くときに，かかる時間をy分として，xとyの関係を式に表しましょう。

〔　　　　　〕

2 あ～おのグラフについて，次の問題に答えましょう。 [各10点…合計20点]

(1) yの値が，いつもxの値の2倍となっているものはどれでしょう。

〔　　　　　〕

(2) yの値が，いつもxの値の$\dfrac{1}{2}$になっているものはどれでしょう。

〔　　　　　〕

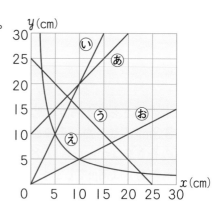

3 右の表について，次の問題に答えましょう。 [各15点…合計30点]

(1) xとyが比例しているとすると，□の値はいくらでしょう。

〔　　　　　〕

(2) xとyが反比例しているとすると，□の値はいくらでしょう。

〔　　　　　〕

x	□	$\dfrac{5}{2}$
y	$\dfrac{3}{8}$	$\dfrac{33}{4}$

4 4mの重さが180gで，100gあたりの値段が25円の針金を，100m買うと，何円になるでしょう。 [20点]

〔　　　　　〕

入試レベルの問題②

答え → 別冊24ページ
時間30分　合格点70点

得点　／100

❶ 下の図は，B町へ向かってA町を出発したようすを示したグラフです。（縦はきょり，横は時間を表します。）

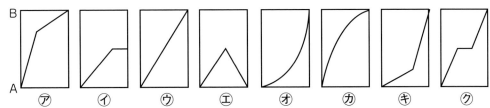

次の説明は，図のどれにあたるか，記号で答えなさい。　[各6点…合計30点]

(1)　とちゅうまでは同じ速さであったが，それ以後は前よりおそく歩いてB町についた。

〔　　　　　　　〕

(2)　とちゅうで休けいをしてB町についた。　　　　　　　　　　　　〔　　　　　〕

(3)　とちゅうでくたびれたので，B町へ行かず引き返した。　　　　　〔　　　　　〕

(4)　はじめから終わりまで，同じ速さで歩き続けた。　　　　　　　　〔　　　　　〕

(5)　はじめから終わりまで，速さを少しずつおそくしていった。　　　〔　　　　　〕

❷ 面積が24㎡の長方形の庭をつくりたいと思います。縦の長さを1m，2m，3m，4m，…としたときの横の長さを調べると，右のような表ができました。　[各10点…合計30点]

縦(m)	1	2	3	4	5	6	8	10
横(m)	24	12	8	6	□	4	3	2.4

(1)　右の表の□にあてはまる長さは何mですか。　　　　　　　　　　〔　　　　　〕

(2)　次の文の□の中に，適当な数やことばを入れなさい。

「上の表で，縦の長さが5倍になると，横の長さは ア になります。このような縦と横の長さの関係を イ といいます。」

ア〔　　　　　　　〕　イ〔　　　　　〕

❸ 8人で24日間かかる仕事を，6日間で仕上げるには，何人必要でしょう。　[20点]

〔　　　　　〕

❹ 父が5歩歩く間に子は6歩歩きます。また，父が4歩で歩くきょりを子は5歩で歩きます。子が240m歩く間に，父は何m歩くでしょう。　[20点]

〔　　　　　〕

電たくを使って

答え → 150ページ

電たくで計算してみましょう。
答えはどんな数になるでしょうか？

① 12345679 × 9
12345679 × 18
12345679 × 27
12345679 × 36
12345679 × 45
12345679 × 54
12345679 × 63
12345679 × 72
12345679 × 81

② 37 × (3 × 1)
37 × (3 × 2)
37 × (3 × 3)
37 × (3 × 4)
37 × (3 × 5)
37 × (3 × 6)
37 × (3 × 7)
37 × (3 × 8)
37 × (3 × 9)

③ (1 × 9) + 2
(12 × 9) + 3
(123 × 9) + 4
(1234 × 9) + 5
(12345 × 9) + 6
(123456 × 9) + 7
(1234567 × 9) + 8
(12345678 × 9) + 9

④ (1 × 8) + 1
(12 × 8) + 2
(123 × 8) + 3
(1234 × 8) + 4
(12345 × 8) + 5
(123456 × 8) + 6
(1234567 × 8) + 7
(12345678 × 8) + 8
(123456789 × 8) + 9

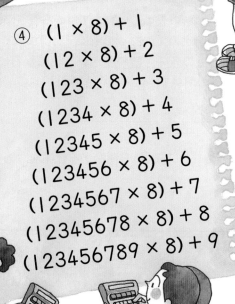

9 資料の調べ方

★ 平均

▶ 資料の特ちょうを表すのに，平均がよく使われます。

$$平均 = \frac{資料の値の和}{資料の個数}$$

★ 階級，中央値，最ひん値

▶ **階級** 右の表のように，資料を整理したときに分けたそれぞれの区間のこと。

▶ **中央値** 資料の値を大きさの順に並べたときの中央の値のこと。

例 右の表のゆきの80点が中央値

テストの得点（点）

こうき	100
あみ	92
かずと	85
ゆき	⑧⓪
みか	76
しおり	72
けんた	68

▶ **最ひん値** 資料の値の中で，最も多く出てくる値のこと。

例 右の表の23.5cmが最ひん値

くつのサイズ別売り上げ数

サイズ(cm)	売上数(足)
21	7
21.5	8
22	8
22.5	9
23	13
23.5	⑯
24	11

★ ちらばりを表す表とグラフ

▶ **ちらばりを表す表**

資料がどのようなはんいにどのような特ちょうをもっているかを調べるための表

例 右の体重を表す表

体重(kg) 以上 未満	人数(人)
26 〜 28	1
28 〜 30	4
30 〜 32	6
32 〜 34	9
34 〜 36	7
36 〜 38	5
38 〜 40	2
40 〜 42	1
合　計	35

▶ **柱状グラフ（ヒストグラム）**

図のような，横はばの等しい長方形を並べたもの

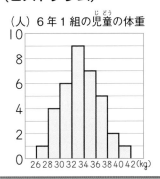

（人）6年1組の児童の体重

1 平均とちらばり

問題1 平　均

下の表は，ひろきさん，よしとさんのテストの点数です。平均を比べるとどちらの成績がよいですか。

	国語	社会	算数	理科
ひろき	80点	87点	82点	91点
よしと	100点	80点	60点	80点

考え方　教科によって点数の上下がありますから，**平均**を求めて比べましょう。

〔ひろきさんの場合〕
点数を合計すると
　80+87+82+91=340
平均すると　340÷4=85(点)
〔よしとさんの場合〕
　(100+80+60+80)÷4=80(点)

[答] ひろきさん

コーチ

● 平均の意味
この問題で，２人の成績を比べるときに教科ごとに比べても全体の成績のちがいがわかりません。平均で比べると，ひろきさんの成績の方が上のようです。**平均は，このように１つ１つでは比べることができないときに用いると便利です。**

問題2 ちらばり

６年１組の女子が，ソフトボール投げをしたら，右のような記録になりました。この記録は，どのようなはんいにちらばっているでしょう。(10m単位で答える)

ソフトボール投げ（６年１組女子）

番号	きょり(m)	番号	きょり(m)
①	20	⑦	21
②	17	⑧	18
③	19	⑨	10
④	24	⑩	16
⑤	22	⑪	28
⑥	11	⑫	19

考え方　記録を数直線上に表すと，はんいがわかりやすくなります。

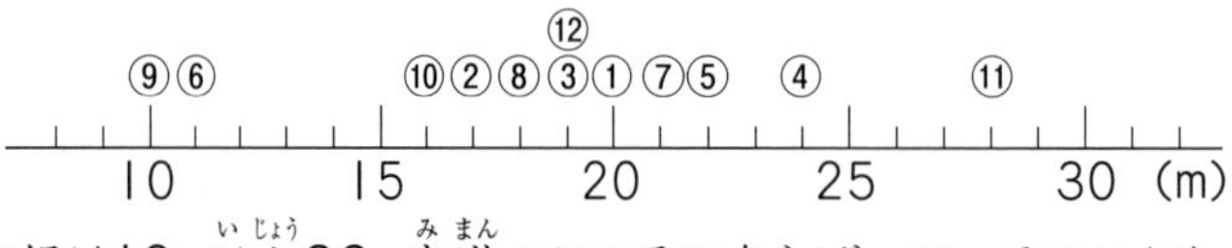
⑨⑥
⑩②⑧③①⑦⑤
⑫
④
⑪
10
15
20
25
30
(m)

これから，記録は10m以上30m未満のところにちらばっていることがわかります。10m以上というのは，10mもふくんでそれより長いきょりのことで，30m未満というのは，30mより短いきょりのことで，30mは入りません。

[答] 10m以上30m未満

コーチ

● 以上・未満を数直線上で考えると，次のようになる。

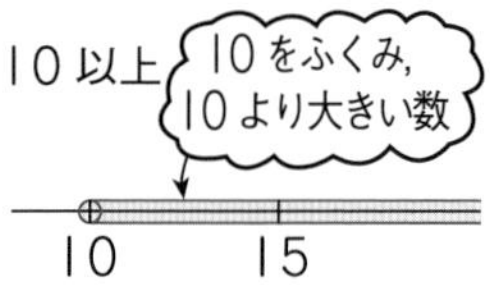
10 以上
10 をふくみ，10 より大きい数
10
15

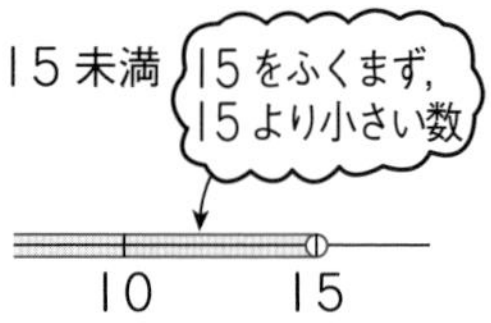
15 未満
15 をふくまず，15 より小さい数
10
15

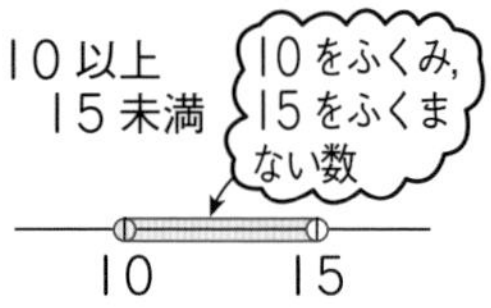
10 以上
15 未満
10 をふくみ，15 をふくまない数
10
15

たいせつ
ポイント
　資料の特ちょうを調べるのに平均を求めたり，ちらばりを表す表や
柱状グラフをつくったりします。

問題3 ちらばりを表す表

　問題2の「ソフトボール投げ」の記録を，ちらばりのようす
がよくわかるように，5mごとに区切った表に表してみましょう。

● ちらばりを表す表を
つくることで，その資
料の特ちょうを調べる
ことができます。

考え方　ソフトボール投げの記録を，
5mごとに区切って，それぞれ
の区切りに入る人数を求めます。
これを右のような表にまとめると，ちらばりの
ようすが見やすくなります。
この表で，10m以上の区切りには10mが入り
ますが，20m未満には20mは入らないことに
注意します。

 答 右の表

ソフトボール投げ
（6年1組女子）

きょり(m) 以上〜未満	人数(人)
10 〜 15	2
15 〜 20	5
20 〜 25	4
25 〜 30	1
合　計	12

問題4 柱状グラフ

　右の表は，6年1組男子のソフトボ
ール投げの記録を，5mごとに区切っ
て，それぞれの区分に何人いるかを
まとめたものです。
この表から，横軸にきょりを，縦軸に
人数をとって，ちらばりを表すグラフ
をかきましょう。

● ちらばりのようすを
グラフに表すときには，
柱状グラフにするとよ
い。
　柱状グラフは，横は
ばの等しい長方形をす
きまなく並べたグラフ
になる。

ソフトボール投げ
（6年1組男子）

きょり(m) 以上〜未満	人数(人)
20 〜 25	1
25 〜 30	4
30 〜 35	8
35 〜 40	5
40 〜 45	2
合　計	20

考え方　きょりを横，人数を縦とする長方
形をつくってグラフをかくと，右
のようになります。
このようなグラフを**柱状グラフ**といいます。柱
状グラフをかくと，ちらばりのようすが見やす
くなります。

答 右の図

柱状グラフのことを
ヒストグラム
ともいう。

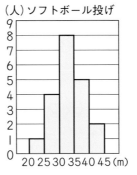

教科書のドリル

答え → 別冊24ページ

1 〔平均〕

ひろしさんとよしきさんの家では、にわとりをかっています。ある1日に、にわとりのうんだ卵の重さを調べると下の表のようになりました。単位はgです。

ひろし	65	52	48	47	60	58	
よしき	68	70	62	57	53	48	55

どちらのほうのにわとりのほうが重い卵をうんでいると言えますか。

(　　　　　)

2 〔ちらばり〕

下の表は、6年2組のソフトボール投げの記録です。単位はmです。

27	14	32	24	18	32	29	22	36
40	18	21	29	20	27	36	31	27
35	30	17	26	16	22	24	41	23

(1) ソフトボール投げの記録を右のようなちらばりを表す表にしましょう。

きょり(m)	人数(人)
以上　　未満 10 ～ 15	
15 ～ 20	
20 ～ 25	
25 ～ 30	
30 ～ 35	
35 ～ 40	
40 ～ 45	

(2) ソフトボール投げの記録は、どのはんいにちらばっているでしょう。5m単位で答えなさい。

(3) (1)の表を利用して柱状グラフに表しましょう。

(4) きょりの記録の中央の値（中央値）は、どのはんいにあるでしょう。

(　　　　　)

(5) いちばん人数の多いはんい（最ひん値）は、どのはんいでしょう。

(　　　　　)

3 〔ちらばりを表す表〕

右の表は、みのるさんの組の男子の走りはばとびの記録です。

走りはばとびの記録

とんだ長さ(cm)	人数(人)
以上　　未満 260 ～ 280	1
280 ～ 300	3
300 ～ 320	4
320 ～ 340	6
340 ～ 360	4
360 ～ 380	2
合　計	20

(1) みのるさんの記録は、335cmです。これはどのはんいに入るでしょう。

(　　　　　)

(2) すすむさんは、記録のよいほうから4番目です。どのはんいに入っているでしょう。

(　　　　　)

(3) 320cm未満の人は、全体の何%になるでしょう。(　　　　　)

4 〔柱状グラフ〕

下のグラフは、まいさんの組の体重のようすを表したものです。

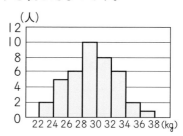

(1) まいさんの組の人数は何人でしょう。

(　　　　　)

(2) 体重が26kg以上、34kg未満の人は、組全体の何%になるでしょう。

(　　　　　)

(3) まいさんの体重は33kgです。まいさんは、重いほうから数えて何番目から何番目までのはんいになるでしょう。

(　　　　　)

テストに出る問題

1 右の表は、かずきさんとゆうとさんの1週間の小テストの成績です。テストは10点満点です。どちらの成績のほうがよいでしょう。 [20点]

	月	火	水	木	金
かずき	5	7	6	9	10
ゆうと	8	7	7	9	8

〔　　　　　　　　〕

2 右の表は、かずきさんの組の身長を調べたものです。

[各10点…合計50点]

身長調べ

身長(cm) 以上　未満	人数(人)
120 ～ 125	2
125 ～ 130	10
130 ～ 135	12
135 ～ 140	10
140 ～ 145	4
145 ～ 150	2

(1) どの区分の人がいちばん多いでしょう。

〔　　　　　　　　〕

(2) かずきさんの組の人数は何人でしょう。

〔　　　　　　　　〕

(3) かずきさんは、せの高いほうから5番目です。かずきさんは、どの区分に入っているでしょう。

〔　　　　　　　　〕

(4) 140cm以上の人は、全体の何%にあたるでしょう。

〔　　　　　　　　〕

(5) 130cm未満の人は、全体の何%にあたるでしょう。

〔　　　　　　　　〕

3 右のグラフは、6年2組の児童の体重を柱状グラフに表したものです。

[各10点…合計30点]

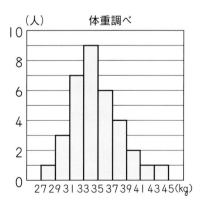

(1) 体重は、何kgから何kgの間にちらばっているでしょう。

〔　　　　　　　　〕

(2) 中央値の区分はどこでしょう。

〔　　　　　　　　〕

(3) いちばん人数の多い（最ひん値）区分はどこでしょう。

〔　　　　　　　　〕

(4) 35kg以上の人は、何人いるでしょう。

〔　　　　　　　　〕

1 あるクラスで漢字のテストをしたら，右のグラフのような成績でした。 [各10点…合計30点]

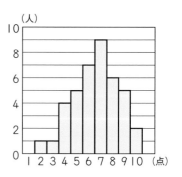

(1) いちばん多い（最ひん値）のは何点の人でしょう。

〔　　　　　　　　〕

(2) 8点以上とった人は，全体の何%いるでしょう。

〔　　　　　　　　〕

(3) このテストの平均点は何点でしょう。

〔　　　　　　　　〕

2 右の表は，ある学級の身長をまとめた表です。

[各15点…合計30点]

身長(cm)	人数(人)
以上 120 ～ 125 未満	1
125 ～ 130	3
130 ～ 135	4
135 ～ 140	5
140 ～ 145	7
145 ～ 150	8
150 ～ 155	6
155 ～ 160	4
160 ～ 165	2

(1) まさおさんの身長は147cmです。身長の高い人から順に並ぶと，まさおさんは何番目になるでしょう。

〔　　　　　　　　〕

(2) 150cm以上の人は，全体の何分のいくつでしょう。もっとも簡単な分数で答えなさい。

〔　　　　　　　　〕

3 ゆたかさんは，1回に10個ずつ投げる輪投げゲームを4回やって，4回の点数の平均は60点でした。 [各20点…合計40点]

(1) 4回の点数の合計は何点だったでしょう。

〔　　　　　　　　〕

(2) もう1回やって，100点をとったとしたら，5回の平均は何点になるでしょう。

〔　　　　　　　　〕

1 右の表は，あるクラス40人の児童の算数のテストの結果をまとめたものです。
　次の問いに答えなさい。［各10点…合計30点］

得点	人数
5	8
4	10
3	□
2	5
1	3
0	2

(1) □にあてはまる数を求めなさい。

〔　　　　　〕

(2) 平均点は約3.2点でした。平均点以上であった児童は何人ですか。

〔　　　　　〕

(3) 3点未満であった児童は，全体の何％ですか。

〔　　　　　〕

2 右のグラフは，みちこさんのクラブの45人の身長のようすを表したものです。なお，このグラフは一部分にインクをこぼしたため見えなくなっています。

［各10点…合計30点］

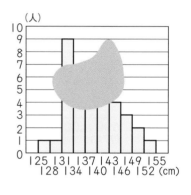

(1) インクで人数がはっきりしていないのは，何cm以上何cm未満のはんいですか。

〔　　　　　〕

(2) 身長140cm以上の人は，全部で19人います。140cm以上143cm未満の人は，何人いますか。

〔　　　　　〕

(3) インクで見えない部分の人数は，全体の約何％ですか。

〔　　　　　〕

3 右のグラフは，6年1組の女子のけんすいの回数を調べたものです。［各20点…合計40点］

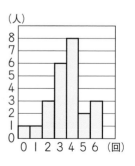

(1) 1回以上5回未満の人は，全体の何％にあたりますか。

〔　　　　　〕

(2) この学校の6年の女子は，全部で120人いるそうです。このグラフの割合でいくと，5回以上けんすいのできる人は，何人といえますか。

〔　　　　　〕

いろいろなグラフ

コーチ

例題　男女別・年令別人口分布

下のグラフは，日本の人口を男女別・年令別に表したものです。

(1)　人数がいちばん多い年令のはんいは，どのはんいでしょう。

(2)　年令が高くなると女性の割合が大きくなると考えてよい
でしょうか。

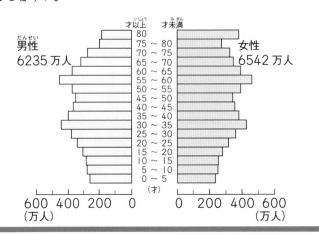

● 左のグラフは，年令別人口の柱状グラフを男女別にかき，それを組み合わせたものになっています。だから，グラフの見方は柱状グラフの見方ににています。このグラフでは，男女別，年令別の人口のちらばりのようすがはっきりわかります。このようなグラフを人口ピラミッドということがあります。

考え方

(1)　グラフのいちばん長いところは，男女とも55才以上60
才未満のはんいです。

答 55才以上60才未満

(2)　(1)と同様にグラフの長さを見ていくと，70才以上75才未満のはんい
から明らかに女性の人口のほうが多いです。ですから，年令が高くな
ると女性の割合が高くなると考えてよいです。

答 考えてよい

10 場合の数

☆ 場合の数

▶ あることがらの起こり方が何とおりあるかを，１つ１つ数えていくことを，場合の数を数えるという。数え落としや重なりのないよう，表や図を使って順序よく考えていくことがたいせつ。

例 １０円玉を３回なげたときの，表と裏の出方は下のようになります。

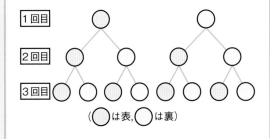

（⚪は表，⚫は裏）

☆ 並べ方の数

▶ いくつかのものから何個かを選び，並べる順序を考えて１列に並べるとき，何通りの並べ方があるかを考える。

例 １，２，３のカードを並べて３けたの整数をつくる。

１２３，１３２ ◀ 百の位が１のもの
２１３，２３１ ◀ 百の位が２のもの
３１２，３２１ ◀ 百の位が３のもの
の６通りできる。

☆ 組み合わせ方の数

▶ いくつかのものの中から何個かを選び，その組み合わせを考えるとき，何通りのちがった組み合わせ方ができるかを考えます。

例 Ａ，Ｂ，Ｃ，Ｄの中から２人を選ぶ。
ＡＢ，ＡＣ，ＡＤ ◀ Ａと組になる人
ＢＣ，ＢＤ ◀ Ｂと組になる人
ＣＤ ◀ Ｃと組になる人
の６通りできる。

1 並べ方と組み合わせ方

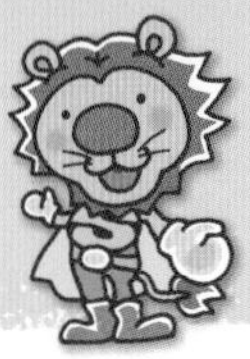

問題 1 並べ方

あすかさん，いずみさん，うたこさんが，右の図のようにすわります。
３人のすわり方は，何通りあるでしょう。

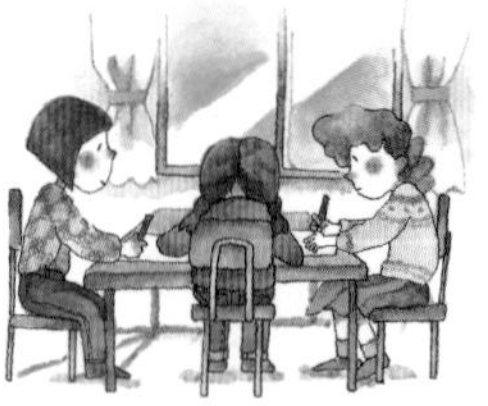

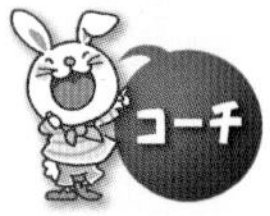

● 並べ方が何通りあるか調べるときは，手あたりしだいに並べないで，

表や図

を使って順序よく並べるとよい。

まず，**左にすわる人を決め，次にまん中にすわる人，右にすわる人**と順序よく並べていきます。
下の図のようになるので，６通りあります。

[答] 6通り

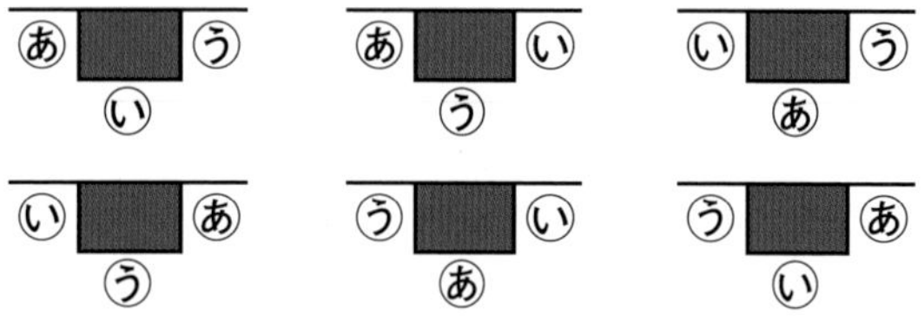

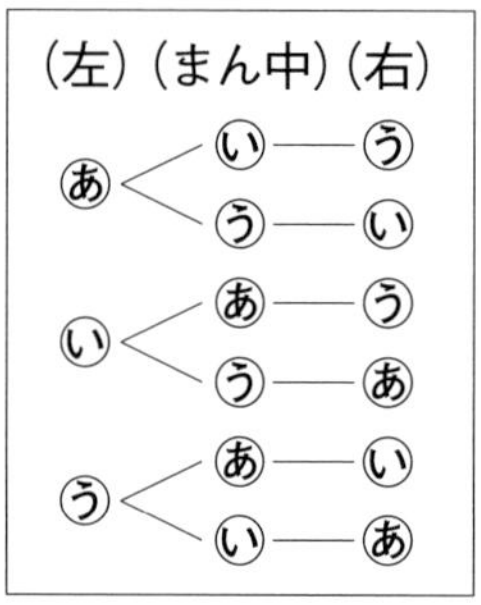

あすか→あ
いずみ→い
うたこ→う
としています。

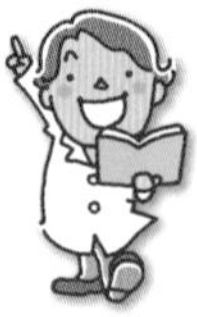

問題 2 4つのものから並べる

右のような４枚のカードがあります。
このうちの３枚を使ってできる３けたの数は，何通りあるでしょう。

[1] [2] [3] [4]

● 数字カードを並べる場合は，数の大小に目をつけて，大きい順に並べたり，小さい順に並べたりするとよい。

まず，百の位を決めて，次に十の位，一の位と順に決めていきます。

百の位を１とすると，右のように６通りの数ができます。
百の位を２としたとき，百の位を３としたとき，百の位を4としたときも，同じようにそれぞれ６通りの３けたの整数ができます。
このことから，３けたの整数は

$$6\times4=24$$

で，24通りできることがわかります。

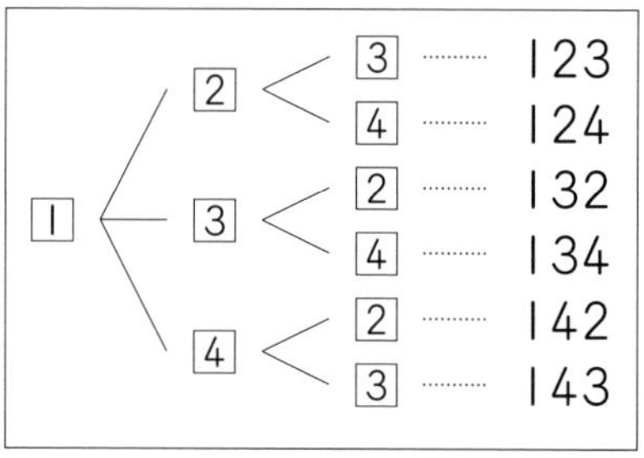

[答] 24通り

問題3 組のつくり方

下の4種類のくだもののうちから, 2種類を選びます。どんな組み合わせができるでしょう。

み みかん　な なし　り りんご　も もも

 コーチ

● 4種類のものの中から2種類をとって組をつくるときなどは,
　図や表
を使って, 落ちや重なりがないように順序よく調べる。

考え方 下のような図や表をかいて, 落ちや重なりがないように, 全部の組み合わせを考えます。

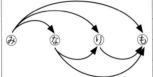

みかん	○	○	○			
なし	○			○	○	
りんご		○		○		○
もも			○		○	○

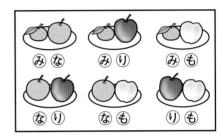
み な　み り　み も
な り　な も　り も

これから, 組み合わせ方は右の6通りあることがわかります。

答 6通り

問題4 5つのものから組み合わせる

Ⓐ, Ⓑ, Ⓒ, Ⓓ, Ⓔの5つの野球チームがあります。どのチームもちがう相手と1回ずつ試合をします。試合の数は, みんなでいくつになるでしょう。

 コーチ

● 何種類かのものの中から, 2種類をとって組み合わせるときは, 下のように線で結ぶと数えやすい。

考え方 Aチームの出る試合は, 下のように4試合あります。
Bチームの出る試合も4試合考えられますが, Ⓑ×ⒶはⒶ×Ⓑと同じなので, 除きます。

Ⓐ×Ⓑ, Ⓐ×Ⓒ, Ⓐ×Ⓓ, Ⓐ×Ⓔ
Ⓑ×Ⓒ, Ⓑ×Ⓓ, Ⓑ×Ⓔ
Ⓒ×Ⓓ, Ⓒ×Ⓔ
Ⓓ×Ⓔ

↑
Ⓑ×Ⓐと
Ⓐ×Ⓑは
同じ!

Cチーム, Dチームについても同じように調べていくと, 試合の数は10試合であることがわかります。
右のように, 五角形の形の表にしても, 10試合になります。

答 10試合

対戦相手を直線で結ぶ

教科書のドリル

答え → 別冊26ページ

1 〔旗のぬり分け方〕

右の旗を，赤，青，黄の3色のうち，2色を使ってぬり分けます。何通りのぬり方ができるでしょう。

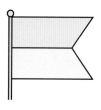

(　　　　　　　)

2 〔場所のまわり方〕

子ども会で，バスでまわる見学会をすることになりました。行くところは，「テレビ局」，「新聞社」，「空港」です。まわり方は，何通りあるでしょう。

(　　　　　　　)

3 〔信号のつくり方〕

右のように，4つの旗が並べてあります。旗の色は，赤，緑，黒，白の4色です。旗を並べる順序で信号を表すとすると，何通りの信号ができるでしょう。

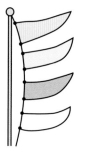

(　　　　　　　)

4 〔整数のつくり方〕

１，３，５，７の4枚のカードの中から，2枚を使って2けたの整数をつくります。

(1) 何通りの整数ができるでしょう。

(　　　　　　　)

(2) 50より大きい整数は，いくつできるでしょう。

(　　　　　　　)

5 〔くだもののとり方〕

みかん，りんご，かき，なし，ももが1つずつあります。このうちから2つとるとき，全部で何通りの方法があるでしょう。

(　　　　　　　)

6 〔とりくみの数〕

あゆむ，いつき，うみ，えいたの4人がすもうをとります。どの人もちがった相手と1回ずつすもうをとると，全部で何通りのとりくみができるでしょう。

(　　　　　　　)

7 〔色の選び方〕

赤，白，黄，緑，青の5種類の毛糸があります。この毛糸のうち，3種類を選んで，セーターをあみます。色の選び方は何通りあるでしょう。

(　　　　　　　)

8 〔ゼリーの選び方〕

右のような4種類のゼリーがあります。このうちから3種類を選んで買います。買うゼリーの選び方は，何通りあるでしょう。

(　　　　　　　)

テストに出る問題

答え → 別冊26ページ
時間30分　合格点80点
得点 ／100

1 右の図のA，B，Cの3つの部分を，赤，黄，緑の3色を使って
ぬり分けようと思います。
色のぬり方は，全部で何通りあるでしょう。　[20点]

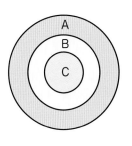

〔　　　　　〕

2 ⓪，②，③，⑤の4枚の数字カードの中から，2枚を使って2けたの整数をつくります。

[各10点…合計30点]

(1)　2けたの整数は，全部で何通りできるでしょう。

〔　　　　　〕

(2)　奇数はいくつできるでしょう。

〔　　　　　〕

(3)　5の倍数はいくつできるでしょう。

〔　　　　　〕

3 A，B，C，D，Eの5人が図書館へ行くのに，3人は歩き，2人は自転車に乗って行くことにしました。
歩くものと，自転車に乗るものとの分け方は，何通りあるでしょう。　[20点]

〔　　　　　〕

4 紙の上に点をいくつかかいて，点と点をつなぐ直線が何本ひけるか調べます。
次の場合，直線は何本ひけるでしょう。　[各15点…合計30点]

(1)　5つの点

(2)　6つの点

〔　　　　　〕　　　　　　　　　　　　〔　　　　　〕

2 場合の数

問題 1 　同じ道を通ってよい場合

山に登るのに、登山口が③、⑧、
©と３つあります。この山に登っ
ておりてくるには、何通りの方法
があるでしょう。同じ道で往復し
てもよいことにします。

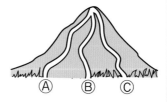

● 登った道を帰りに使っ
てよい場合と、登っ
た道を帰りに使っては
いけない場合とで、場
合の数がちがうので注
意する。

③から登って
③に帰っても
よいのだ。

 ③から登る場合、往復の道は③→③、③→⑧、③→©の
３通り考えられます。⑧から登る場合、©から登る場合も
同じように考えます。

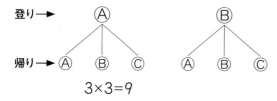

$3×3＝9$

答　9通り

問題 2 　3つの電球のつけ方

③、⑧、©の電球が１列に並んでいま
す。この電球のつけ方は、全部で何通
りあるでしょう。（全部つける場合、全
部つけない場合も、それぞれ１通りと数えます）

● 電球を
つける、つけない
あるものを
買う、買わない
硬貨を投げたとき出る
面が
表、裏
というように、反対に
なる場合を調べるとき
は、「○、○」、「○、×」
などのマークを使うと
便利である。

 電球③を、つけたときと、つけないときに分けて整理する
と、下のようになります。

つけるのを○
つけないのを○
としよう。

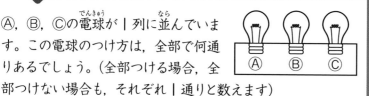

これから８通りになることがわかります。

　8通り

> **たいせつ
> ポイント**　いろいろな場合の数が何通りあるかを求めるときは,
> 重なりがないように分類して考えるとよい。

問題**3**　場合の数と代金

A, Bのくだものと, C, D, Eのケーキがあります。くだものとケーキの中から1つずつ好きなものをとるとすると, 何通りの組み合わせができるでしょう。また, そのうち代金が250円になるのはどれでしょう。

A　　　　　B

100円　　250円

C　　　　D　　　　E

50円　　100円　　150円

考え方　くだものAをとったとき, ケーキC, D, Eのどれかをとれます。くだものBをとったときも同じです。

$$
A \left\langle \begin{matrix} C \cdots 150円 \\ D \cdots 200円 \\ E \cdots 250円 \end{matrix} \right.
\qquad
B \left\langle \begin{matrix} C \cdots 300円 \\ D \cdots 350円 \\ E \cdots 400円 \end{matrix} \right.
$$

組み合わせは, AC, AD, AE, BC, BD, BEの6通りで, このうち250円になるのはAEです。

答　6通り, AE

　コーチ

● くだものとケーキのどちらか一方をもとにして, 組み合わせをつくっていくことに気をつける。
はじめにケーキを選ぶと,

$$
C \left\langle \begin{matrix} A \\ B \end{matrix} \right.
\quad
D \left\langle \begin{matrix} A \\ B \end{matrix} \right.
$$

$$
E \left\langle \begin{matrix} A \\ B \end{matrix} \right.
$$

という6通りの組み合わせができる。

問題**4**　ある重さになる組み合わせ

重さが3g, 5g, 8gの3種類のおもりが, それぞれ10個ずつあります。このおもりを使って30gの重さをつくりたいと思います。おもりの組み合わせ方は, 何通りあるでしょう。

3g　5g　8g

考え方　おもりを1種類使う場合から順に考えていきます。
〔おもりを1種類使う場合〕
　　3gで10個(3×10), 5gを6個(5×6)の2通り
〔おもりを2種類使う場合〕
　　3gを2個と8gを3個(3×2+8×3)
　　3gを5個と5gを3個(3×5+5×3) ｝2通り
〔おもりを3種類使う場合〕
　　3gを3個, 5gを1個, 8gを2個(3×3+5×1+8×2)
　　3gを4個, 5gを2個, 8gを1個(3×4+5×2+8×1) ｝2通り
　これから全部で2+2+2＝6

答　6通り

　コーチ

● いくつかのおもりを使って, 決められた重さをつくるときは, おもりを
　1種類使う場合
　2種類使う場合
　　…
と分類して調べていくと, 落ちや重なりが出なくてよい。

教科書のドリル

答え → 別冊26ページ

❶ 〔くだものの買い方〕

くだもの屋で１個20円と30円のみかんをまぜて買い，ちょうど200円になるようにしたいと思います。

どのみかんも１個以上は買うことにすると，何通りの買い方ができるでしょう。

( )

❷ 〔重さの種類〕

１g，２g，５gのおもりが１個ずつあります。この３種類のおもりを使って，いろいろな重さをつくります。

何通りの重さができるでしょう。

( )

❸ 〔行き方の数〕

下の図で，A市からB市を通ってC市へ行く行き方は，何通りあるでしょう。

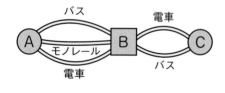

( )

❹ 〔金額のつくり方〕

５円玉，10円玉，50円玉，100円玉の４種類のお金を，それぞれ１枚ずつ持っています。

このうちの２枚を組み合わせると，どんな金額ができるでしょう。

( )

❺ 〔色のぬり分け方〕

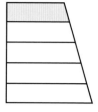

右の図の５つの部分を赤，青，黄，緑，黒の５色全部を使ってぬり分けます。

いちばん上の段は，いつでも赤色をぬることにして，あとの４つはほかの色をぬることにしました。

ぬり方は全部で何通りあるでしょう。

( )

❻ 〔シールの組み合わせ方〕

下のような大小２種類のシールを売っています。

〔大シール〕
１枚 15円
４枚 50円

〔小シール〕
１枚 10円
３枚 25円

それぞれを１枚，２枚，…，６枚，…と買ったときの値段は，下のとおりです。

枚数(枚)	1	2	3	4	5	6	…
大シール(円)	15	30	45	50	65	80	…
小シール(円)	10	20	25	35	45	50	…

(1) はるかさんは，大，小あわせて4枚買おうと思っています。どちらも１枚は買うとして，どんな組み合わせがあるでしょう。また，それぞれの代金を求めましょう。

( )

(2) なつきさんは，大，小あわせて100円分買おうと思っています。どちらも１枚は買うとして，組み合わせ方は何通りあるでしょう。

( )

テストに出る問題

1 右の飲み物とおかしの中から，それぞれ1つずつ選んで組み合わせて注文します。

[各15点…合計30点]

(1) 注文のしかたは何通りあるでしょう。

〔　　　　　〕

(2) 代金がちょうど300円になるのは，何通りでしょう。

〔　　　　　〕

コーヒー 250円	紅茶 200円	ジュース 150円
ケーキ 150円	パイ 100円	

2 AとBがじゃんけんをします。「グー」，「チョキ」，「パー」の出し方について，次の問いに答えましょう。　[各10点…合計30点]

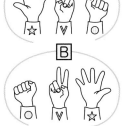

(1) 何通りのちがった出し方があるでしょう。

〔　　　　　〕

(2) Aが勝つときは，何通りあるでしょう。

〔　　　　　〕

(3) 「あいこ」のときは，何通りあるでしょう。

〔　　　　　〕

3 1枚20円と1枚30円のシールをまぜて買い，ちょうど150円になるようにしたいと思います。
どのシールも1枚以上買うことにすると，何通りの買い方ができるでしょう。　[20点]

〔　　　　　〕

4 赤，青，黄，黒の4種類の絵の具があります。これらの色を使って，右のA，B，Cの部分を，全部ちがった色でぬり分けます。Aは必ず赤でぬることにすると，ぬり分け方は何通りあるでしょう。

[20点]

A	B	C

〔　　　　　〕

入試レベルの問題①

1 右の4枚の数字カードの中から，2枚を使って，2けたの整数をつくります。　[各10点…合計30点]

`0` `3` `6` `8`

(1) 2けたの整数は，何通りできるでしょう。

〔　　　　　〕

(2) 奇数はいくつできるでしょう。

〔　　　　　〕

(3) 4の倍数はいくつできるでしょう。

〔　　　　　〕

2 はるか，なつき，あきな，ふゆみの4人で1つのグループをつくっています。
1人をリーダー，もう1人を副リーダーに決めることにしました。
リーダー，副リーダーの決め方は，何通りあるでしょう。　[15点]

〔　　　　　〕

3 A市からB市へ行く道が2本，B市からC市へ行く道が4本，A市からC市へ行く道が3本あります。
A市からC市へ行くには，直接行く方法と，B市を通って行く方法があります。A市からC市へ行く方法は，あわせて何通りあるでしょう。　[15点]

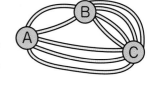

〔　　　　　〕

4 Aさんは，10円玉を投げて，表が出たら投げた場所から1m右へ進み，裏が出たら投げた場所から2m左へ進むことに決めました。
3回10円玉を投げたとき，Aさんの立っている場所は何通りあると考えられますか。

[20点]

〔　　　　　〕

5 2cm，3cm，5cm，6cmの4本の竹ひごがあります。
この中から3本とり出して三角形をつくるとき，何通りの三角形ができるでしょう。

[20点]

〔　　　　　〕

1 家から図書館へ行くのに，公園，病院，学校，郵便局を通る4つの道があります。
家から図書館へ行って帰ってくる道の通り方は，全部で何通りあるでしょう。 [15点]

〔　　　　　　　〕

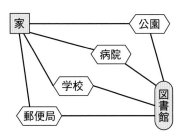

2 右のような4枚の数字カードがあります。
この中の2枚のカードを使って，その数字を分子と分母とする分数をつくります。
1より大きい分数はいくつできるでしょう。 [15点]

〔　　　　　　　〕

3 右の図のようなお金がそれぞれ1個ずつあります。
[各15点…合計30点]

(1) この4個のお金をいろいろ組み合わせると，何通りの金額ができるでしょう。

〔　　　　　　　〕

(2) 組み合わせてできる金額のうち，100円以上160円未満の金額を，全部書きましょう。

〔　　　　　　　〕

4 A，B，C，Dの4人が1列に並ぶとき，A，Bの2人がとなりどうしで並ぶ並び方は，何通りあるでしょう。 [20点]

〔　　　　　　　〕

5 ある野球チームには11人の選手がいます。このうち6人は試合に先発することが決まっています。
残りの3人の先発の決め方は，何通りありますか。 [20点]

〔　　　　　　　〕

ことがらを整理して

● 問題の中には，ことがらを整理して，すじみちを立てて順序よく考えをすすめて行かなければならないものがある。

● 問題の中にあるヒントをじっくり読んで，明らかにあてはまること，またはあてはまらないことをはっきりさせると考えやすくなる。

例題 ヒントであてる

右の4人の体重は，
　25kg，30kg，
　35kg，40kg，
でした。
下のヒントから，それぞれの体重は
何kgになるかを求めましょう。
ヒント１　いつきの体重は40kgではない。
ヒント２　あゆむの体重は30kgではない。
ヒント３　いつきとうたこの体重は30kgより重い。

あゆむ　いつき　うたこ　えみり

考え方

右のような表をかいて，ヒントから明らかにあてはまらないところに×を入れていきます。

ヒント１〜3から右のように×が入るので，いつきは35kg，えみりは30kgであることがわかります。

次に，うたこは35kgにはなれないので40kg，あゆむは残った25kgとなります。

名まえ ＼ 体重	25kg	30kg	35kg	40kg
あゆむ		×		
いつき	×	×	○	×
うたこ	×	×		
えみり		○		

答 あゆむ… 25kg　いつき… 35kg　うたこ… 40kg　えみり… 30kg

11 量の単位のしくみ

★ メートル法と面積・体積の単位

▶ **メートル法** 量の大きさを表すには，もとになる大きさ（単位の量）を決め，それがいくつ分あるかで表す。

メートル法の単位では，長さ(m)，重さ(kg)，時間(秒)をもとにしている。

▶ **正方形の1辺の長さと面積の単位**

1辺	1cm	1m	10m	100m	1km
面積	1cm²	1m²	100m² （1a）	10000m² （1ha）	1km²

▶ **立方体の1辺の長さと体積の単位**

1辺	1cm		10cm	1m
体積	1cm³ （1mL）	100cm³ （1dL）	1000cm³ （1L）	1m³ （1kL）

★ 水の重さと体積の関係

1000cm³（1L）の水の重さを1kgとする。

▶ **水の重さと体積の関係**

体積の 単位	1mm³	1cm³	100 cm³	1000 cm³	1m³
		1mL	1dL	1L	1kL
水の 重さ	1mg	1g	100g	1kg	1t

★ 単位間の関係

▶ メートル法では，同じ種類の量の単位の関係は，10倍，100倍，1000倍になっている。

ミリ m	センチ c	デシ d	標準の 単位	ヘクト h	キロ k
$\frac{1}{1000}$倍	$\frac{1}{100}$倍	$\frac{1}{10}$倍	1	100倍	1000倍

1 長さ・面積・体積・重さ

問題1 長さと面積の単位

次の量を，（ ）の中の単位で表しましょう。

(1) 500mm （cm）　　　(2) 3600m （km）

(3) 8km （m）　　　(4) 180m² （a）

(5) 4500a （ha）　　　(6) 2km² （a）

 コーチ

● 長さの単位には
mm, cm, m, kmがある。
● 面積の単位には
mm², cm², m², a, ha, km²がある。

 考え方

長さの単位は，次のような関係になっています。

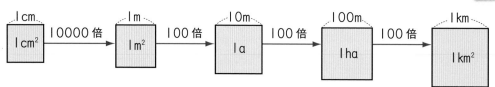

面積の単位は，長さの単位をもとにして決められています。

答

(1) 50cm　(2) 3.6km　(3) 8000m

(4) 1.8a　(5) 45ha　(6) 20000a

問題2 体積の単位

次の量を，（ ）の中の単位で表しましょう。

(1) 7000mL （L）　　　(2) 1.8L （cm³）

(3) 30kL （L）　　　(4) 100dL （L）

コーチ

● 体積の単位には
mm³, cm³, m³
と
mL, dL, L, kL
とがある。
● 1Lの1000倍の体積を1kLという。
1kL＝1000L

 考え方

体積の単位は，長さの単位をもとにして決められています。
また，mL, dL, L, kLの単位はLをもとにして決められています。

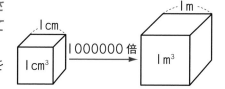

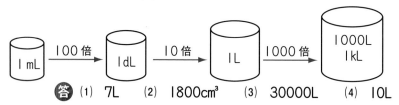

答 (1) 7L　(2) 1800cm³　(3) 30000L　(4) 10L

問題 3　重さの単位

次の量を，（　）の中の単位で表しましょう。

(1)　6000kg（t）　　　(2)　0.4t（kg）

(3)　0.7g（mg）　　　(4)　2600mg（g）

● 重さの単位には，
t, kg,
g, mg
がある。

$1kg＝\dfrac{1}{1000}t$

$1g＝1000mg$

 重さの単位には，kgやgがあります。
kgより大きい重さの単位として，t（トン）が使われています。
gより小さい重さの単位としては，mg（ミリグラム）が使われています。

$$1t＝1000kg \qquad 1mg＝\dfrac{1}{1000}g$$

答 (1)　6t　　(2)　400kg　　(3)　700mg　　(4)　2.6g

問題 4　水の体積と重さ

(1)　水1000cm³（1L）の重さは1kgです。水1dLの重さは何gでしょう。

(2)　水1m³（1kL）の重さは，何tでしょう。

● 水の体積と重さの間には，左の図に示したように
1cm³→1g
1000cm³→1kg
1L→1kg
1m³→1t
という関係がある。

 水の体積と重さの間には
水1000cm³（1L）の重さが1kg
という関係があります。

〔体積の単位と水の重さの関係〕

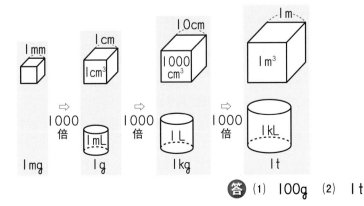

牛乳や油では
1cm³が1g
にはならない。

答 (1)　100g　　(2)　1t

教科書のドリル

答え → 別冊28ページ

❶ 〔単位を変える〕
次の量を，（ ）の中の単位で表しましょう。
- (1) 43000mm （m）
- (2) 0.05km² （m²）
- (3) 30000mL （L）
- (4) 246kg （t）
- (5) 20000mg （g）

❷ 〔面積と体積〕
下の図のような長方形の面積や直方体の体積を，（ ）の中の単位で表しましょう。

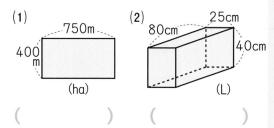

(1) 400m × 750m　（ha）
(2) 80cm × 25cm × 40cm　（L）

(　　　　　)　　(　　　　　)

❸ 〔畑の面積〕
縦25m，横60mの長方形の畑があります。
この畑の面積は，何aでしょう。

(　　　　　)

❹ 〔体積と重さ〕
内のりが，縦4m，横5m，深さ2mの水そうがあります。これに水をいっぱいに入れました。
(1) 水の体積は，何kLでしょう。

(　　　　　)

(2) 水の重さは，何tでしょう。

(　　　　　)

❺ 〔重さの単位〕
1つぶに15mgのビタミンB₁をふくんでいる薬があります。
この薬を毎日1つぶずつ飲む人は，1年間（365日）に，この薬でビタミンB₁を約何gとることになるでしょう。

(　　　　　)

❻ 〔面積と単位〕
下の図のような土地があります。□にあてはまる数を求めましょう。

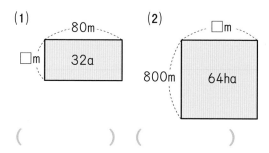

(1) 80m × □m　32a
(2) □m × 800m　64ha

(　　　　　)　　(　　　　　)

❼ 〔水の重さと体積〕
内のりが，縦25cm，横16cm，深さ50cmの直方体のかんに，水が8L入っています。
(1) 水の深さは，何cmでしょう。

(　　　　　)

(2) 水の深さが，もう10cm深くなるように水を入れると，水の体積は全部で何Lになるでしょう。

(　　　　　)

❽ 〔米のとれ高〕
縦80m，横75mの長方形の形をした田があります。
(1) この田の面積は，何aでしょう。

(　　　　　)

(2) この田から，米が1aあたり40kgとれるとすると，米は全部で何kgとれるでしょう。

(　　　　　)

1 次の量を，（　）の中の単位で表しましょう。 [各4点…合計40点]

(1) 35cm （m）

(2) 5.7cm （mm）

(3) 25a （m²）

(4) 3.6ha （a）

(5) 6 km² （ha）

(6) 8 L （cm³）

(7) 300mL （dL）

(8) 3 m³ （L）

(9) 10.5t （kg）

(10) 500mg （g）

2 水 1 Lの重さは 1 kgです。次の重さを，（　）の中の単位で表しましょう。

[各4点…合計16点]

(1) 52.6L （kg）

(2) 80mL （g）

(3) 5.6kL （t）

(4) 180m³ （t）

3 2L入る容器があります。この容器に， 1 本180mL入りの水を入れていきます。何本目のびんで，容器がいっぱいになるでしょう。 [14点]

〔　　　　　〕

4 1 台に 4 tまで積むことのできるトラックがあります。
このトラック30台に， 7.5kg入りのふくろを積むと，何ふくろ積むことができるでしょう。

[15点]

〔　　　　　〕

5 内のりが，縦250cm，横400cm，深さ150cmの直方体の形をした大きな水そうがあります。
この水そうには，水が何kL入るでしょう。 [15点]

〔　　　　　〕

2 メートル法とはかり方

問題 1 メートル法の単位のしくみ

わたしたちが使っている長さ，面積，体積，重さの単位のしくみを，もとになる単位を1m，1a，1L，1gとして表にまとめてみましょう。

 コーチ

● メートル法では，単位の関係が
10倍，
100倍，
1000倍，
$\frac{1}{10}$倍，
$\frac{1}{100}$倍，
$\frac{1}{1000}$倍
になっている。

 考え方　わたしたちの使っている長さ，面積，体積，重さの単位は，**メートル法**といわれています。
　メートル法では，k(キロ)，h(ヘクト)，da(デカ)，d(デシ)，c(センチ)，m(ミリ)と，もとになる単位との関係が，下の表のようになっています。
メートル法の単位では，0をつけたり，小数点を移したりするだけで，ほかの単位になおすことができます。

答 下の表

表し方	m ミリ	c センチ	d デシ	もとになる単位	da デカ	h ヘクト	k キロ
倍	$\frac{1}{1000}$	$\frac{1}{100}$	$\frac{1}{10}$	1	10	100	1000
長さ	1 mm	1 cm	—	1 m	—	—	1 km
面積	—	—	—	1 a	—	1 ha	—
体積	1 mL	—	1 dL	1L	—	—	1 kL
重さ	1 mg	—	—	1 g	—	—	1 kg

問題 2 時間の単位

時間の単位のしくみについて，秒をもとにしてまとめてみましょう。

 コーチ

● 量をはかるとき，もとになる単位は，
長さ（m）
重さ（kg）
時間（秒）
である。

 考え方　メートル法には，長さや重さの単位のほかに，時間の単位があります。**時間の単位は，秒がもとになっていて，そのしくみは，下の表のとおりです。**

答

1日	1時間	1分	1秒
24時間	60分	60秒	
1440分	3600秒		
86400秒			

メートル法の単位では，次のことをおぼえておきましょう。

k…1000倍　h…100倍　d…$\frac{1}{10}$倍　c…$\frac{1}{100}$倍　m…$\frac{1}{1000}$倍

問題3　はかり方——重さと面積

右のようなトタン板の重さをはかったら300gありました。同じトタン板で，1辺が10cmの正方形の板の重さをはかったら20gでした。はじめのトタン板の面積は，何cm²でしょう。

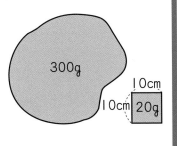

● 単位量あたりの重さを利用して，面積を求めることができる。

別の考え方

● 面積と重さが比例することから
100：x＝20：300
これから x＝1500

考え方

1cm²あたりの重さがわかれば，面積がわかります。
1辺が10cmのトタン板の面積は100cm²ですから，このトタン板は100cm²が20gで，1cm²あたり20÷100＝0.2(g)であることがわかります。
300÷0.2＝1500

答 1500cm²

問題4　はかり方——重さと体積

内のりの直径が10cmの円柱形の入れものに，深さ10cmまで水を入れ，その中に重さ360gの石をしずめたら，深さが12cmになりました。
(1) 石の体積は，何cm³でしょう。
(2) この石1cm³あたりの重さは，およそ何gでしょう。

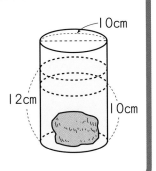

● 石や鉄のかたまりのように，形が不規則で体積を直接はかることができないものでも，容器やメスシリンダーを使って，水の体積におきかえて求めることができる。

考え方

(1) 水のふえた分の体積が石の体積になります。
5×5×3.14＝78.5……底面積
12−10＝2　　　……水がふえた分の高さ
78.5×2＝157　　……ふえた水の体積

答 157cm³

(2) 体積157cm³の石の重さが360gだから，この石1cm³の重さは
360÷157＝2.29…

答 およそ2.3g

教科書のドリル

答え → 別冊29ページ

1 〔単位の関係〕

次の（　）にあてはまる数を書きましょう。

(1) 1kLは（　　　　　　　）Lで, 1Lは
（　　　　　　　）mLです。

(2) 1km²は（　　　　　　　）m²で, 1ha
は（　　　　　　　）m²ですから, 1km²は
（　　　　　　　）haです。

(3) 1tは（　　　　　　　）kgで, 1kgは
（　　　　　　　）gで, 1gは
（　　　　　　　）mgです。

(4) 1時間は（　　　　　　　）分で, 1
分は（　　　　　　　）秒です。

2 〔適当な単位〕

次のものの大きさを表すには, 下の
の中のどの単位を使うのがよいでしょう。

(1) バケツに入っている水の重さ
（　　　　　　　）

(2) 日本の国土の面積
（　　　　　　　）

(3) タンカーで運ぶ石油の体積
（　　　　　　　）

(4) えん筆1本の重さ
（　　　　　　　）

(5) 人間1人が1日に必要とするビタミ
ンB₁の量（重さ）
（　　　　　　　）

mg, g, kg, t, mL, L, kL, a,
ha, km²

3 〔mの意味〕

1m=1000mm, 1g=1000mg,
1L=1000mLです。単位mm, mg, mL の
中のm（ミリ）は, どのような意味を表しているでしょう。
（　　　　　　　）

4 〔単位のちがうものの計算〕

重さ240gのびんに, 水を150mL入れました。
重さは, 全体で何gになるでしょう。
（　　　　　　　）

5 〔長さを求める〕

針金のたばがあります。この重さをはかると3kgありました。
同じ針金を2m切って, 重さをはかったら75gありました。
この針金の長さは何mあるでしょう。
（　　　　　　　）

6 〔複雑な形の面積〕

右の図のような形
をした鉄板があります。
この鉄板の重さをはか
ったら, 1.2kgありま
した。

同じ厚さの鉄板で, 1辺が50cmの正方形
の板の重さをはかったら, 1.5kgありました。
この図の鉄板の面積は, 何cm²あるでしょう。
（　　　　　　　）

テストに出る問題

答え → 別冊29ページ
時間30分　合格点80点

得点 /100

1 右の図のような正方形の土地があります。
図の長さの単位が下の(1)〜(3)のようなとき，面積はそれぞれどれだけになるでしょう。（　）の中の単位で求めましょう。

[各10点…合計30点]

5

5

(1) 単位が l mのとき　（m²）

〔　　　　　〕

(2) 単位が l0mのとき　（a）

〔　　　　　〕

(3) 単位が l00mのとき　（ha）

〔　　　　　〕

2 760mLの水が入ったびんの重さをはかったら，1550gありました。
びんだけの重さは何gでしょう。 [10点]

〔　　　　　〕

3 内のりが，縦60cm，横50cm，深さ40cmの直方体の形をした水そうに，水をいっぱいになるまで入れます。 [各10点…合計20点]

(1) 水の体積は，何Lでしょう。

〔　　　　　〕

(2) 水の重さは，何kgでしょう。

〔　　　　　〕

4 畑に肥料をまきます。肥料は l ふくろで 3 haの畑にまくことができます。
0.9km²の畑にまくには，肥料は何ふくろいるでしょう。 [20点]

〔　　　　　〕

5 よしとさんの学校では，30日間に600m³の水を使ったそうです。
学校にいる人の人数を1000人とすると， l 人が l 日に何Lの水を使ったことになるでしょう。 [20点]

〔　　　　　〕

入試レベルの問題①

答え → 別冊29ページ
時間30分　合格点70点

得点　／100

1 1円玉100個の重さをはかったら，ちょうど100gありました。
重さ150gの貯金箱に1円玉をたくさん入れて，全体の重さをはかったら600gありました。1円玉は何個入っているでしょう。 [15点]

〔　　　　　　　〕

2 1cm³の金の重さは19.3g，1cm³の銀の重さは10.5gです。
重さ105gの銀のかたまりと同じ体積の金のかたまりの重さは，何gでしょう。 [15点]

〔　　　　　　　〕

3 ある公園の杉の大木に，長さ8mのなわをまきつけたら，2回まわって，なお15cm残りました。
杉の大木の直径は，いくらでしょう。 [15点]

〔　　　　　　　〕

4 1aの土地から米が約60kgとれるとすると，縦85m，横70mの土地からは，何tの米がとれるでしょう。 [15点]

〔　　　　　　　〕

5 底辺が8.2cm，高さ5.9cmの三角形と面積が同じで，高さが2倍の台形を，上底を1.7cmにしてかこうと思います。
下底の長さを何cmにすればよいでしょう。 [20点]

〔　　　　　　　〕

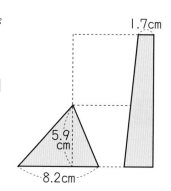

6 びんに，油が5dL入っているときの重さが530gで，9dL入っているときの重さが810gでした。
びんの重さはいくらでしょう。 [20点]

〔　　　　　　　〕

入試レベルの問題②

1 ある日の雨の量が14mmであったとすると，1aの運動場に降った雨の量は何Lになるでしょう。 [20点]

〔　　　　　〕

2 なまり1cm³の重さは11.4gです。4kgのなまりのかたまりをとかして，縦2cm，横3cm，高さ4cmの直方体のおもりを作ろうと思います。
おもりは，全部で何個できるでしょう。 [20点]

〔　　　　　〕

3 内のりが，どこも30cmの立方体のかんがあります。この入れ物に，1L「ます」で水を4.5はい入れました。
水の深さは，何cmになったでしょう。 [15点]

〔　　　　　〕

4 1000mで50kgある鉄線のたばがあります。この鉄線から25m切りはなします。この切りはなした鉄線は，何gあるでしょう。 [15点]

〔　　　　　〕

5 A国のお金の単位は，3種類あって，それぞれピン，ポン，パンといい，12パン＝1ポン，20ポン＝1ピンとなっています。 [各10点…合計30点]

(1) 2ピン11ポン7パンと3ピン15ポン6パンとの和は，何ピン何ポン何パンでしょう。

〔　　　　　〕

(2) 8ポン5パンの本を6冊買うと，いくらでしょう。

〔　　　　　〕

(3) 3ピン5ポンの商品を20％引きで買うと，代金はいくらになるでしょう。

〔　　　　　〕

重さの関係を使って

やってみよう

例題　重い順に並べる

４つのおもりⒶ，Ⓑ，Ⓒ，Ⓓがあります。２つずつてんびんにのせると，〔図１〕～〔図４〕のようになりました。てんびんの左のさらには，いつも同じおもりがのせてあります。
Ⓐ，Ⓑ，Ⓒ，Ⓓのおもりを，重い順に左から並べなさい。

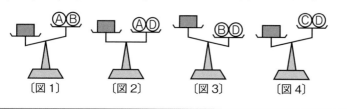

コーチ

● てんびんにのせたおもりの重さやその関係について調べる問題もよく出される。
こういう問題では，てんびんの両側から同じおもりを取り去ったり，重さの等しいおもりでとりかえたりして，それぞれのおもりの個数や重さをあわせる。

考え方

まず，〔図１〕と〔図２〕で調べます。
Ⓐはどちらもあるので，ⒹがⒷより重いことがわかります。
つまり　Ⓓ＞Ⓑ
次に〔図２〕と〔図３〕をみると，
　Ⓑ＞Ⓐ
であることがわかります。
さらに，〔図２〕と〔図４〕をみると，
　Ⓐ＞Ⓒ
であることがわかります。
Ⓓ＞Ⓑ，Ⓑ＞Ⓐ，Ⓐ＞Ⓒの関係をまとめると，
　Ⓓ＞Ⓑ＞Ⓐ＞Ⓒとなります。

答　Ⓓ，Ⓑ，Ⓐ，Ⓒ

12 問題の考え方

★ 変わり方を調べて解く問題

▶ 表を利用する

変わり方のきまりを見つけるには，表をつくって調べるのがわかりやすい。

例 あめを子どもにくばるのに，1人分を60円にしたときと，80円にしたときとで，費用が300円ちがってくる。

このとき，子どもの人数を求めるには，次のような表をつくるとよい。

人　数	1	2	3	…
あめの費用 60円	60	120	180	…
80円	80	160	240	…
費用のちがい	20	40	60	…

20　　20

この表から，1人について，費用のちがいが20円ずつふえていくので，全体の費用のちがいが300円になるのは，300÷20=15（人）のときとわかる。

★ 割合を使った問題

▶ 全体を1とする

例 家から駅まで歩けば25分かかるとき，家から駅までの道のりを1とすると，分速は$\frac{1}{25}$と表せる。

▶ 次の関係を利用する。
比べられる量＝もとにする量×割合
もとにする量＝比べられる量÷割合

★ 仕事の量や速さについての問題

▶ 次の関係を利用する。
単位時間にできる仕事の量
＝1÷かかる時間
ある時間にできる仕事の量
＝単位時間にできる仕事の量×時間
ある仕事をするのにかかる時間
＝1÷単位時間にできる仕事の量

▶ 単位時間にできる仕事の量は，たしたり，ひいたりできる。

1 変わり方を調べて

 問題1 出会うまでの変わり方

まさきさんの家から駅までは900mあります。
まさきさんは分速80mで，駅から家へ，弟は分速70mで，家から駅に向かって，同時に出発しました。2人は何分後に出会うでしょう。

 コーチ

● 出会う時間の求め方
2人が同時に向き合って進むとき，
2人が進んだ道のりの和＝はじめのきょり
になるときに出会う。
出会う時間
＝はじめのきょり
÷速さの和

 考え方 時間がたつにつれて，2人あわせて何m歩いたかを，下のような表にかいて調べます。

歩いた時間(分)	0	1	2	3	
まさきさんが歩いた道のり(m)	0	80	160	240	
弟が歩いた道のり(m)	0	70	140	210	
2人あわせた道のり(m)	0	150	300	450	900

150m　150m　150m

2人あわせた道のりが900mになるとき，歩いた時間は，
900÷(80+70)＝6

答 6分後に出会う

 コーチ

 問題2 追いつくまでの変わり方

まいさんは，分速70mで家から学校へ出発しました。8分後，お母さんがまいさんの忘れものをとどけるために，自転車に乗って分速210mで追いかけました。お母さんは，何分後に追いつくでしょう。

● 追いつく時間の求め方
2人が同時に同じ方向に進むとき，
2人が進んだ道のりの差＝はじめのきょり
になるときに追いつく。
追いつく時間
＝はじめのきょり
÷速さの差

 考え方 お母さんが出発するとき，
まいさんは，70×8＝560(m)先を歩いています。

お母さんが走った時間(分)	0	1	2		
まいさんが歩いた道のり(m)	560	630	700		
お母さんの進んだ道のり(m)	0	210	420		
2人のへだたり	560	420	280		0

140m　140m　140m

1分間に140mずつ追いつくので
560÷140＝4(分)

答 4分後に追いつく

たいせつ ポイント ２種類の数量（きょりと時間，個数と人数，個数と代金など）の関係を考えるときは，表をつくって変わり方を調べるとよい。

問題 **3** 人数を変えて調べる

コーチ

あめを，子ども１人に４個ずつあげると，18個あまり，6個ずつあげることにしても２個あまるそうです。
あめは何個あるでしょう。

● 次の２つのことに目をつけて考える。
①子どもが１人ふえるごとに，あめは何個ずつふえるか。
②あめの数は，全体で何個ちがってきたか。

考え方

４個ずつあげたときと，6個ずつあげたときとでは，１人について２個ずつちがうことに目をつけます。
子どもが１人ふえるごとに，あめの差は２個ふえます。全体で18−2＝16（個）ちがってきたから，子どもの数は，16÷2＝8（人）となります。これから，あめは　4×8+18＝50

答 50個

別の 考え方

次のような表から，50個としてもよい。

子どもの数	1	2	3	4	5	6	7	8
４個のときのあめの数	22	26	30	34	38	42	46	50
６個のときのあめの数	8	14	20	26	32	38	44	50

問題 **4** 代金の合計の変わり方

コーチ

１個20円のみかんと，１個50円のりんごを，あわせて10個買って，380円はらいました。
みかんを何個，りんごを何個買ったのでしょう。

● 次の２つのことに目をつけて考える。
①りんごが１個ふえるごとに，合計は何円ずつふえるか。
②代金の合計が380円になるには，何円ふやさないといけないか。

考え方

すべてみかんを買ったとすると　20×10＝200（円）
実際の代金との差は　380−200＝180（円）
180÷(50−20)＝6（個）← りんご　10−6＝4（個）← みかん

└── りんご１個とみかん１個の値段の差

答 みかん４個　りんご６個

別の 考え方

次のような表から，みかん４個，りんご６個としてもよい。

個数	みかん	10	9	8	…	4
	りんご	0	1	2	…	6
代金（円）	みかん	200	180	160	…	80
	りんご	0	50	100	…	300
代金の合計（円）		200	230	260	…	380

教科書のドリル

答え → 別冊30ページ

1 〔出会う問題〕

よしこさんは，学校から家に向かって分速65mで，お母さんは，家から学校へ向かって分速75mで，同時に出発しました。学校と家の間の道のりは2100mあります。
2人は，何分後に出会うでしょう。

（　　　　　）

2 〔追いつく問題〕

時速55kmの普通電車が山田駅を出発してから，6分後に時速85kmの急行電車が山田駅を出発しました。
何分後に，急行電車は普通電車に追いつくでしょう。

（　　　　　）

3 〔値段のちがい〕

りんごとみかんを10個ずつ買いました。代金を調べたら，りんご10個の代金のほうが，みかん10個の代金より200円多くなったそうです。
りんご1個の値段は，みかん1個の値段より何円高いでしょう。

（　　　　　）

4 〔個数の問題〕

アイスクリームを買いに行きました。

1個80円のアイスクリームにしたときと，1個100円のアイスクリームにしたときとでは，代金が160円ちがうそうです。
アイスクリームを何個買いに行ったのでしょう。

（　　　　　）

5 〔買った枚数〕

1枚80円の絵はがきと，1枚60円の絵はがきを，あわせて15枚買いました。

代金の合計は1020円でした。
80円の絵はがきと60円の絵はがきを，それぞれ何枚買ったのでしょう。

80円（　　　　　）　60円（　　　　　）

6 〔えん筆の本数〕

何本かのえん筆を，1人に5本ずつ分けると6本あまり，1人7本ずつにすると6本たりません。
えん筆は，何本あるのでしょう。

（　　　　　）

7 〔本のページ〕

毎日28ページずつ読むと，予定した日までにちょうど読み終わる本があります。

しかし，1日に25ページずつしか読めませんでした。そのために，予定した日がすぎても，まだ24ページ残っていました。
はじめにこの本を何日間で読むつもりでいたのでしょう。

（　　　　　）

テストに出る問題

答え ➡ 別冊32ページ

1 1周すると870mある池のまわりを, ひろしさんは分速80m, 弟は分速65mの速さで歩きます。

2人が, 同時に同じ場所から反対方向に歩きはじめると, 何分後に出会うでしょう。 [20点]

〔　　　　　　　〕

2 1個160円のケーキと, 1個180円のケーキを, あわせて20個買いました。
代金は全部で3340円でした。 [各10点…合計20点]

(1)　1個180円のケーキを何個買ったでしょう。

〔　　　　　　　〕

(2)　1個160円のケーキを何個買ったでしょう。

〔　　　　　　　〕

3 あさがおのなえを, 学校全体の学級に配ることにしました。
1学級に6本ずつ配ると28本あまるので, 8本ずつ配ったところ, まだ4本あまっています。 [各15点…合計30点]

(1)　学校全体では何学級あるのでしょう。

〔　　　　　　　〕

(2)　なえは何本あったのでしょう。

〔　　　　　　　〕

4 6人で分けるつもりで, 色紙を何枚か買ってきましたが, 人数がふえて10人で分けることになったので, はじめ予定したとおりに分けるためには, 40枚足りなくなりました。

[各15点…合計30点]

(1)　1人に何枚ずつ分ける予定だったのでしょう。

〔　　　　　　　〕

(2)　色紙を何枚買ってきたのでしょう。

〔　　　　　　　〕

2 割合を使って

問題 1 割合の和と比べられる量

2Lの水が入る容器に油が入っています。

一方の容器にはいっぱいに，もう一方の容器には$\frac{3}{4}$だけ入っています。油はあわせて何Lあるでしょう。

コーチ

● もとにする量と割合とがわかっているとき，比べられる量を求めるには，
　　比べられる量
＝もとにする量×割合
の式を使う。

左のような図を線分図というよ。

考え方

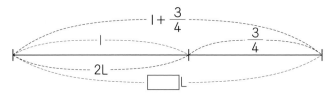

上のような図をかいて考えます。この図から，両方をあわせた量が，容器1つ分の$\left(1+\frac{3}{4}\right)$倍にあたることがわかります。

もとにする量

$2\times\left(1+\frac{3}{4}\right)=2\times1\frac{3}{4}=\overset{1}{2}\times\frac{7}{\underset{2}{4}}=3.5$

割合

答 3.5L

問題 2 割合の差ともとにする量

チーズを買ってきて，その$\frac{1}{4}$を使いました。残りのチーズの重さをはかったら，450gありました。買ってきたチーズの重さは，何gだったのでしょう。

コーチ

● 比べられる量と割合とがわかっていて，もとにする量を求めるには，
　　もとにする量
＝比べられる量÷割合
の式を使う。

考え方

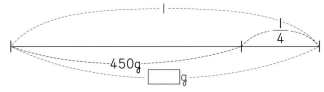

図をかくと，上のような関係になることがわかります。この図から，残ったチーズの重さは，買ってきたチーズの重さの$\left(1-\frac{1}{4}\right)$倍であることがわかります。

比べられる量

$450\div\left(1-\frac{1}{4}\right)=450\div\frac{3}{4}=\overset{150}{450}\times\frac{4}{\underset{1}{3}}=600$

割合

答 600g

割合がわかっている問題では，次の関係を利用する。
もとにする量＝比べられる量÷割合

問題3 割合の積と比べられる量

たかしさんたち6年生250人のうち，虫歯のある人が40%いて，そのうち処置をしている人は80%います。6年生の中には，虫歯の処置をしている人は何人いるでしょう。

コーチ

● 割合の積がわかっていて，比べられる量を求める場合にも，
　比べられる量
＝もとにする量×割合
の式を使えばよい。

考え方

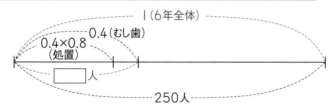

上のような図をかくと，虫歯を処置している人は，6年全体の(0.4×0.8)倍にあたることがわかります。

　　250×(0.4×0.8)＝80

 答 80人

問題4 割合の積ともとにする量

みどり山へ行くのに，はじめの$\frac{1}{3}$までは電車があり，その残り$\frac{1}{3}$まではバスがあります。あと4kmは歩くのだそうです。みどり山までは，何kmあるでしょう。

コーチ

● 比べられる量が割合の残りにあたる場合，もとにする量を求めるにも，
　もとにする量
＝比べられる量÷割合
の式を使えばよい。

考え方

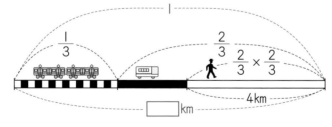

歩いたきょり4kmは，全体（1）のどれだけにあたるかを調べます。

電車に$\frac{1}{3}$乗ったので，残りは$\frac{2}{3}$。このうちの$\frac{1}{3}$をバスに乗ったので，

歩いたのは残り$\frac{2}{3}$の$\frac{2}{3}$です。

$$4÷\left(\frac{2}{3}×\frac{2}{3}\right)=9$$

 答 9km

教科書のドリル

答え → 別冊32ページ

❶ 〔利益と定価〕

75000円で仕入れたテレビに, 仕入れ値の20％の利益を入れて定価をつけました。定価は何円でしょう。

（　　　　　　　）

❷ 〔収入と貯金〕

みくさんの家では, 収入30万円のうち, 40％を食費, 10％を電気・水道代, 30％を衣服その他にあて, 残りを貯金しています。貯金するのは何円でしょう。

（　　　　　　　）

❸ 〔買った値段と定価〕

まいさんのお姉さんは, ハンドバッグを3600円で買いました。これは定価の20％引きだそうです。このハンドバッグの定価は, 何円だったのでしょう。

（　　　　　　　）

❹ 〔本の冊数〕

かずきさんの学校の図書館の本は, 全体の$\frac{2}{5}$が童話の本です。童話の本のうち, $\frac{1}{2}$が日本の童話の本です。日本の童話は, 2400冊あるそうです。

かずきさんの学校の図書館には, 全部で本が何冊あるでしょう。

（　　　　　　　）

❺ 〔学用品の値段〕

よしとさんは1200円もっています。そのうちの$\frac{1}{5}$で雑誌を買い, 残りの$\frac{2}{3}$で学用品を買いました。学用品は何円だったでしょう。

（　　　　　　　）

❻ 〔長方形の縦と横〕

まわりの長さが80cmで, 縦が横の$\frac{3}{5}$になっている長方形をかこうと思います。縦, 横の長さを, それぞれ何cmにすればよいでしょう。

縦（　　　　　）横（　　　　　）

テストに出る問題

1 よしとさんの学校の児童の数は540人ですが、5年前と比べると25％減っているそうです。

5年前は、何人だったのでしょう。［20点］

〔　　　　　　　〕

2 まいさんは、今月のおこづかいで学用品と雑誌を買いました。

学用品はおこづかいの$\frac{3}{10}$、雑誌はおこづかいの$\frac{2}{5}$で、あわせて840円になりました。

まいさんの今月のおこづかいは、何円でしょう。［20点］

〔　　　　　　　〕

3 みくさんの家では、先月は収入の75％が支出で、支出の40％が食費だったそうです。

先月の食費は90000円でした。

先月の収入は、何円だったのでしょう。［20点］

〔　　　　　　　〕

4 仕入れた値段が2000円の電たくがあります。

この電たくに、仕入れた値段の30％の利益をふくめて定価をつけましたが、売れないので、定価の10％を引いて売りました。

この電たくを何円で売ったのでしょう。［20点］

〔　　　　　　　〕

5 ある日の昼の長さは、夜の長さの$\frac{5}{7}$でした。

この日の昼の長さを求めましょう。［20点］

〔　　　　　　　〕

3 仕事の量や速さを調べて

問題 **1** 仕事の量を求める

兄と弟がペンキぬりの仕事をします。兄１人でペンキをぬると４時間，弟１人でぬると５時間かかるそうです。
兄，弟はそれぞれ１時間に全体のどれだけぬることができるでしょう。

● 仕事の量全体を１と考えて，単位時間にする仕事の量を求めるとき，次の関係を使う。

単位時間にできる仕事の量

＝１÷ かかる時間

ペンキぬりの仕事の量全体を１として考えます。

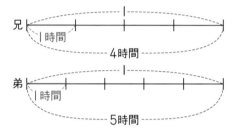

兄１人では，１時間に　　$1÷4=\dfrac{1}{4}$

弟１人では，１時間に　　$1÷5=\dfrac{1}{5}$

となります。

答 兄$\dfrac{1}{4}$，弟$\dfrac{1}{5}$

問題 **2** ２人でする仕事の量の割合

A，Bの２人が草とりの仕事をします。Aだけですると10時間，Bだけですると６時間かかるそうです。
この仕事を，２人いっしょに３時間すると，全体のどれだけの仕事ができるでしょう。

● 仕事の量全体を１と考えて，ある時間にできる仕事の量を求めるとき，次の関係を使う。

ある時間にできる仕事の量

＝

単位時間にできる仕事の量

× 時間

草とりの仕事全体を１として考えます。

Aが１時間にする仕事の量は，$1÷10=\dfrac{1}{10}$

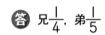

Bが１時間にする仕事の量は，$1÷6=\dfrac{1}{6}$

この仕事を２人いっしょにすると，１時間に

$\dfrac{1}{10}+\dfrac{1}{6}=\dfrac{8}{30}=\dfrac{4}{15}$

できるので，３時間では，$\dfrac{4}{15}×3=\dfrac{4}{5}$できます。

答 $\dfrac{4}{5}$

仕事の速さや仕事が完成するまでの時間を求める問題では，仕事の量全体を|として，単位時間にできる仕事の量を表す。

問題 3 　仕事にかかる時間

水道管で水そうに水を入れるのに，大きい管では20分，小さい管では30分かかります。
大小の管をいっしょに使うと，何分でいっぱいになるでしょう。

コーチ

● 仕事の量全体を|と考えて，ある仕事をするのにかかる時間を求めるとき，次の関係を使う。

| ある仕事をするのにかかる時間 |

$= | \div$ | 単位時間にできる仕事の量 |

考え方

水そうにいっぱい入る水の量を|として考えます。

|分間に入る水の量は

大きい管… $| \div 20 = \dfrac{1}{20}$

小さい管… $| \div 30 = \dfrac{1}{30}$

大小の管をいっしょに使うと，|分間に $\dfrac{1}{20} + \dfrac{1}{30} = \dfrac{1}{12}$ の水を入れることができるので，水そうをいっぱいにするのにかかる時間は

$| \div \dfrac{1}{12} = 12$

（答） 12分

問題 4 　仕事の残りを仕上げる時間

お父さんとお兄さんが，畑になえをうえることになりました。
お父さんとお兄さんがいっしょに仕事をすると，8時間かかるそうです。
この仕事をお父さん|人ですると，12時間かかります。
この仕事をお兄さん|人ですると，何時間かかるでしょう。

コーチ

● 単位時間にできる仕事の量は，たしたりひいたりすることができる。
たとえば，
Aは|日に $\dfrac{1}{\square}$
Bは|日に $\dfrac{1}{\triangle}$
できるとすると，A，B
2人ですると，
|日に $\dfrac{1}{\square} + \dfrac{1}{\triangle}$ できる。

考え方

仕事の全体を|として，2人の仕事の量を調べます。

2人いっしょのときは，|時間に $| \div 8 = \dfrac{1}{8}$ の仕事の量。

お父さんだけのときは，|時間に $| \div 12 = \dfrac{1}{12}$ の仕事の量。

これから，お兄さんが|時間にする仕事の量は $\dfrac{1}{8} - \dfrac{1}{12} = \dfrac{1}{24}$

この仕事全体をお兄さん|人ですると，$| \div \dfrac{1}{24} = 24$

（答） 24時間

教科書のドリル

答え → 別冊33ページ

1 〔仕事の速さを比べる〕

　畑の草とりをするのに，みのるさんは3日間で全体の$\frac{2}{3}$をすることができ，よしとさんは2日間で全体の$\frac{2}{5}$をすることができるそうです。

　みのるさんとよしとさんとでは，どちらのほうが仕事が速いといえるでしょう。

(　　　　　)

2 〔2人でする仕事の量〕

　みくさんとまいさんが庭のそうじをします。みくさん1人ですると20分かかります。まいさん1人ですると40分かかるそうです。
　2人いっしょにそうじをすると，10分間にどれだけできるでしょう。

(　　　　　)

3 〔速さとかかる時間〕

　あすかさんは，家から図書館まで行くのに，歩けば15分かかりますが，走れば6分で行けるそうです。

　あすかさんは，はじめ10分歩き，そのあと走って図書館まで行きました。
　走った時間は何分だったでしょう。

(　　　　　)

4 〔2人でかかる時間〕

　兄と弟の2人がペンキぬりをします。兄1人でペンキをぬると，20分かかります。弟だけでぬると，30分かかります。

　兄弟2人でいっしょにペンキをぬると，何分でぬることができるでしょう。

(　　　　　)

5 〔1人でかかる時間〕

　まさきさん1人ですると，20日かかる仕事があります。
　まさきさんとなつみさんがいっしょにこの仕事をすると，12日でできるそうです。
　この仕事をなつみさん1人ですると，何日でできるでしょう。

(　　　　　)

6 〔水を入れる時間〕

　水そうに水を入れるのに，Aの管では40分，Bの管では1時間でいっぱいになります。

　両方の管をいっしょに使って水を入れると，水そうの水をいっぱいにするのに何分かかるでしょう。

(　　　　　)

テストに出る問題

答え → 別冊34ページ
時間20分　合格点80点

得点 　　　/100

1 兄弟2人で，バットを買うために貯金をはじめました。

兄は毎日バット代の $\frac{1}{20}$ を，弟は毎日バット代の $\frac{1}{30}$ を貯金します。　[各15点…合計30点]

(1) 2人あわせて，1日の貯金の合計は，バット代のどれだけにあたるでしょう。

〔　　　　　〕

(2) バット代分のお金がたまるのは，何日目でしょう。

〔　　　　　〕

2 まさきさんの家の畑を耕すのに，Aのトラクターでは2時間かかり，Bのトラクターでは4時間かかります。　[各15点…合計30点]

(1) A，Bのトラクターは，1時間にそれぞれ畑全体のどれだけを耕すことができるでしょう。

A〔　　　　　〕　B〔　　　　　〕

(2) A，Bのトラクターをいっしょに使うと，畑全体を耕すのに，何時間何分かかるでしょう。

〔　　　　　〕

3 ある工場で，1つの仕事をするのに，Aだけでは20時間かかり，Bだけでは24時間かかります。

この工場では，1日に8時間働きます。A，B2人がいっしょにすると，1日にこの仕事の何分のいくつをすることができるでしょう。　[20点]

〔　　　　　〕

4 倉庫の米は，大きいトラックでは6回，小さいトラックでは12回で運ぶことができます。大，小のトラックをいっしょに使うと，何回で運ぶことができるでしょう。　[20点]

〔　　　　　〕

1 何人かの児童が長いすにすわるのに，３人がけですわると26人がすわれなかったので，５人がけにしましたが，まだ２人すわれませんでした。
このとき，いすは全部で ア 脚あり，児童は イ 人です。〔各10点…合計20点〕

ア〔　　　　　　　〕　　イ〔　　　　　　　〕

2 6000m離れたA，B２地点があります。太郎さんはA地点を，次郎さんはB地点を同時に出発してそれぞれB，A地点に向かったところ，24分後に出会いました。太郎さんの歩く速さが時速6kmであったとすると次郎さんの速さは毎分何mですか。〔20点〕

〔　　　　　　　〕

3 ある製品を作るのに，A，B２つの機械を使います。Aだけを使うと8時間かかり，Bだけを使うと12時間かかります。この製品の $\frac{3}{4}$ をAで，残りをBで作ると何時間かかりますか。〔20点〕

〔　　　　　　　〕

4 ある団体が３万円の予算で，小学生・中学生あわせて30人を映画に招待することにしました。１人あたりの入場料は，小学生が800円，中学生は小学生の４割増しです。次の問いに答えましょう。〔各10点…合計20点〕

(1) 中学生１人あたりの入場料はいくらですか。

〔　　　　　　　〕

(2) 中学生は何人まで招待できますか。

〔　　　　　　　〕

5 何枚かの折り紙があります。はじめに，みすずさんは全体の $\frac{1}{3}$ をとり，次にさやかさんは残りの $\frac{1}{3}$ をとり，次にゆきなさんは２人がとった残りの $\frac{1}{3}$ をとりました。
最後に残った折り紙は，みすずさんがとった折り紙の枚数より３枚少なくなりました。折り紙は，全部で何枚ありましたか。〔20点〕

〔　　　　　　　〕

入試レベルの問題②

1 太郎さんは分速65mで歩き，分速140mで走ります。30分で，2.7km進むには何分間走ればよいですか。[20点]

〔　　　　　　〕

2 円形の池のまわりに等しい間隔で木を植えることにしました。間隔を6mにした場合には，7mにした場合より20本多く木がいります。この池のまわりの長さは□mです。[20点]

〔　　　　　　〕

3 容器に水を入れて重さをはかります。容器の$\frac{1}{4}$だけ水を入れると5.0kg，容器の$\frac{1}{3}$だけ水を入れると5.8kgありました。容器いっぱいに水を入れると何kgになりますか。[20点]

〔　　　　　　〕

4 太郎さんが1人ですれば9日かかり，花子さんが1人ですれば15日かかる仕事があります。この仕事を，はじめの何日かを太郎さん1人がして，その後かわって花子さんが1人ですると，全部で11日かかりました。このとき花子さんが働いた日数は何日間ですか。[20点]

〔　　　　　　〕

5 A子さんとB子さんは，周囲が800mの池のまわりを歩きます。A子さんは毎分80m，B子さんは毎分60mでPの地点を出発し，2人とも矢印の方向に進みます。B子さんが出発して1分後にA子さんが出発しました。このとき，次の問いに答えましょう。[各10点…合計20点]

(1) A子さんが出発してから，B子さんにはじめて追いつくのは，何分後ですか。

〔　　　　　　〕

(2) A子さんがB子さんに2回目に追いつくのは，Pの地点から矢印の方向に何mのところですか。

〔　　　　　　〕

不思議の国のアリス

答え → 150ページ

不思議の国には不思議なきのこが 2 種類あります。

赤いきのこは，1 個食べると身長が1.1倍になります。
黄色いきのこは，1 個食べると身長が0.8倍になります。

アリスは，このきのこをそれぞれ 4 個ずつ持っています。
あるときアリスはハートの女王のバースデイパーティーに招待されました。
招待状には，

親愛なるアリスさん
あなたをハートの女王のバースデイパーティーにご招待いたします。
このパーティーには身長が90cmから95cmでないと参加できません。
みなさまお誘い合わせの上，ぜひお越しください。

ハートの女王より

The Queen of Hearts

とありました。アリスの身長は 1 mちょうどです。このままではパーティーにでられません。アリスは持っている赤いきのこと黄色いきのこをそれぞれ何個ずつ食べたら，パーティーに出られるでしょうか？

仕上げテスト

仕上げテスト①

1 次の数直線上の点O，A，B，Cにあたる点は，それぞれ0，$\dfrac{5}{6}$，$1\dfrac{1}{2}$，$3\dfrac{3}{4}$です。

[各15点…合計30点]

(1) 点Aと点Bのまん中の点Mにあたる数はいくらですか。

〔　　　　　〕

(2) 点Bと点Cのまん中の点をNとすると，点Mから点Nまでのきょりは，どんな数で表されますか。（答えは，帯分数で表しなさい。）

〔　　　　　〕

2 右の分数について，次の問いに答えなさい。

[各10点…合計20点]

$$\dfrac{5}{6}，\dfrac{11}{13}，\dfrac{13}{15}，\dfrac{21}{25}$$

(1) いちばん大きい数はどれですか。

〔　　　　　〕

(2) いちばん大きい数と，いちばん小さい数との差を求めなさい。

〔　　　　　〕

3 1から100までの整数について，次のそれぞれの問いに答えなさい。　[各10点…合計30点]

(1) 6の倍数はいくつありますか。

〔　　　　　〕

(2) 6と8の公倍数はいくつありますか。

〔　　　　　〕

(3) 6の倍数であって，8の倍数でない数はいくつありますか。

〔　　　　　〕

4 次の計算をしなさい。　[各10点…合計20点]

(1) $\dfrac{2}{5}\times2\dfrac{1}{3}\div\dfrac{7}{10}$

〔　　　　　〕

(2) $\dfrac{2}{3}\times2\dfrac{1}{5}\div0.25\times0.75$

〔　　　　　〕

仕上げテスト②

1 次の量を（　）の中の単位で表しましょう。[各4点…合計40点]

(1) 6m² (cm²)　　　〔　　　　〕　　(2) 2.6a (m²)　　　〔　　　　〕
(3) 350a (ha)　　　〔　　　　〕　　(4) 5L (cm³)　　　〔　　　　〕
(5) 4.6kL (m³)　　　〔　　　　〕　　(6) 200mL (L)　　　〔　　　　〕
(7) 8.5t (kg)　　　〔　　　　〕　　(8) 400mg (g)　　　〔　　　　〕
(9) 1時間15分（時間）〔　　　　〕　　(10) 1.5分（秒）　　　〔　　　　〕

2 下の図で，色のついているところの面積を求めましょう。[各5点…合計20点]

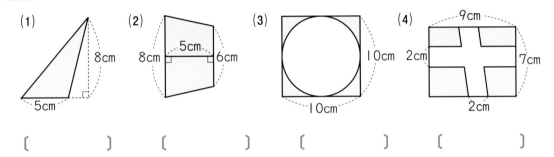

(1)　　　　　(2)　　　　　(3)　　　　　(4)

〔　　　　〕　　〔　　　　〕　　〔　　　　〕　　〔　　　　〕

3 右の図のような形の体積を求めましょう。

[各10点…合計20点]

(1) 〔　　　　〕　(2) 〔　　　　〕

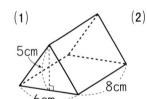
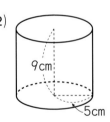

4 内のりの縦が20cm，横が15cm，深さが25cmの直方体の形をした入れものがあります。[各10点…合計20点]

(1) この入れものに1500mLの水を入れると，水の深さは何cmになるでしょう。

〔　　　　〕

(2) この入れものに，水をいっぱい入れたときの水の重さは何kgでしょう。

〔　　　　〕

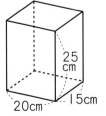

仕上げテスト③

答え ➡ 別冊36ページ
時間30分　合格点70点
得点　／100

1 次の式の x の値を求めなさい。［各10点…合計20点］

(1) $8 \times x - 19 = 5$　〔　　　〕

(2) $2 - 3 \div x = \frac{1}{2}$　〔　　　〕

2 右の図のように，長方形が５つ並んでいます。
色がぬってある部分A，Bの面積比A：Bを求めなさい。［20点］

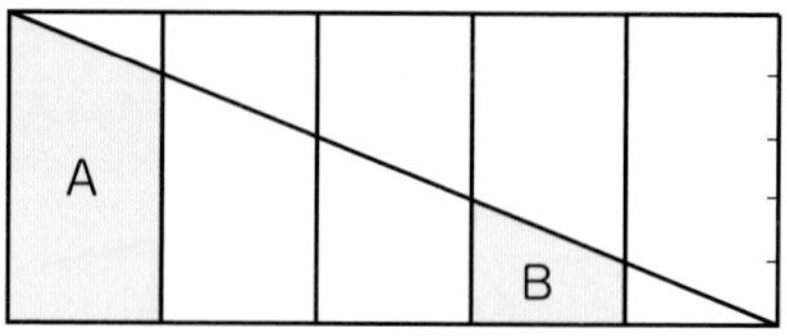

〔　　　〕

3 図のような角柱の形をした２つの容器㋐，㋑の中に水が入れてあり，平らなゆかの上におかれています。
㋐の容器の水を，㋑の容器に移して，同じ深さにするには，何cm³の水を移せばよいでしょう。

［20点］

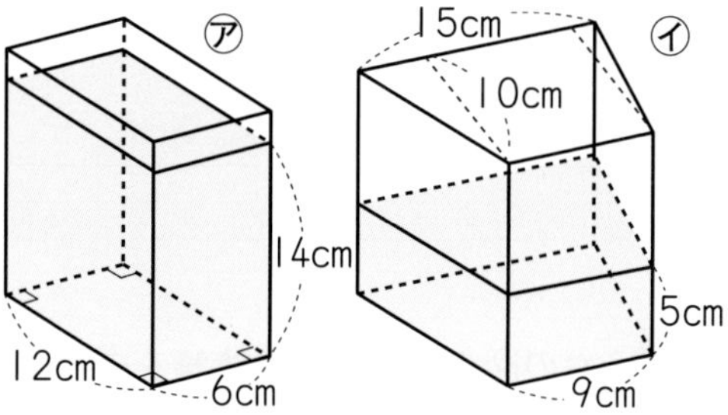

〔　　　〕

4 体積が50cm³の石の重さをはかったら70gありました。
この石１m³の重さは，何kgですか。［20点］

〔　　　〕

5 あるきょりを往復するのに，行きは毎時６km，帰りは４kmの速さで歩きました。平均すると毎時何kmの速さで歩いたことになりますか。［20点］

〔　　　〕

仕上げテスト④

1 右の図のような四角形があります。これについて，
次の問いに答えなさい。　[各15点…合計30点]

(1) 直線ＡＢについて対称な図形をかき入れなさい。

(2) 点Cについて対称な図形をかき入れなさい。

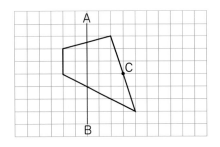

2 A，B，C，Dの４人が，テーブルをかこんですわります。
Aの席を決めておくと，ちがったすわり方は何通りあるでしょう。

[20点]

〔　　　　　　〕

3 次の（　）にあてはまることばを答えなさい。　[各10点…合計20点]

(1) 円柱を底面に平行な平面で切ると，切り口の形は〔　　　　　　　〕になり，底面に垂直な
平面で切ると，切り口の形は〔　　　　　　　〕になる。

(2) 底面が正五角形の五角柱を，底面に平行な平面で切ると，切り口の形は〔　　　　　　　〕
になる。

4 右の図をみて答えなさい。
[各10点…合計30点]

(1) ㋐の三角形と面積が同じ三角形はどれで
すか。

〔　　　　　　〕

(2) ㋐の三角形を拡大した三角形はどれです
か。

〔　　　　　　〕

(3) ㋐の三角形の２倍の面積をもつ三角形はどれですか。

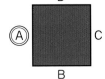

〔　　　　　　〕

さくいん

この本に出てくるたいせつなことば

148

おもしろ算数 の答え

<12ページの答え>
①13　②18　③16　④16　⑤36

<36ページの答え>

<62ページの答え>
①17：15　②4：5　③1：4
④10：9　⑤5：8　⑥3：4

<72ページの答え>
（次のページにのせてあります）

<94ページの答え>
①上から順に　111111111,
222222222, 333333333,
444444444, 555555555,
666666666, 777777777,
888888888, 999999999
②上から順に　111, 222, 333, 444,
555, 6666, 777, 888, 999
③上から順に　11, 111, 1111, 11111,
111111, 1111111, 11111111,
111111111
④上から順に　9, 98, 987, 9876,
98765, 987654, 9876543,
98765432, 987654321

<142ページの答え>
赤いきのこ4つと黄色いきのこ2つ
　アリスの身長は1m、これに1.1（赤いきのこ）
や0.8（黄色いきのこ）をかけて、0.9mから
0.95mの間になるようにする。

<72ページの答え>

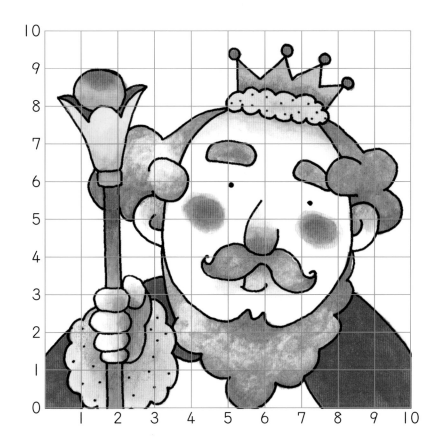

⑦

□ 編集協力　大須賀康宏　株式会社キーステージ21　奥山修　小林悠樹
□ デザイン　福永重孝
□ 図版作成　伊豆島恵理　田中雅信　山田崇人
□ イラスト　反保文江　よしのぶもとこ

シグマベスト
これでわかる
算数　小学6年

編　者　文英堂編集部
発行者　益井英郎
印刷所　図書印刷株式会社
発行所　株式会社文英堂
　　　　〒601-8121　京都市南区上鳥羽大物町28
　　　　〒162-0832　東京都新宿区岩戸町17
　　　　(代表)03-3269-4231

●落丁・乱丁はおとりかえします。

Σ BEST
シグマベスト

これでわかる

算数 小学**6**年

くわしく
わかりやすい

答えと解き方

● 「答え」は見やすいように，ページごとに"わくがこみ"の中にまとめました。

● 「考え方・解き方」では，図や表などをたくさん入れ，解き方がよくわかるようにしています。

● 「知っておこう」では，これからの勉強に役立つ，進んだ学習内容をのせています。

文英堂

1 円の面積

教科書のドリルの答え　8ページ

❶ (1) 78.5cm²　(2) 50.24cm²
　(3) 314cm²
❷ (1) 235.5cm²　(2) 235.5cm²
❸ 平行四辺形と考えた場合，約 63m²
　方眼の数で考えた場合，約 65m²
❹ 4 倍
❺ (1) まわり…18.56cm　　面積…12cm²
　(2) まわり…62.8cm　　面積…157cm²
　(3) まわり…82.8cm　　面積…78.5cm²
　(4) まわり…31.4cm　　面積…21.5cm²
　(5) まわり…92.52cm　面積…56.52cm²

考え方・解き方

❶ (1) (半径)×(半径)×3.14＝(円の面積)
　5×5×3.14＝78.5(cm²)
　(2) 半径は 4cm。4×4×3.14＝50.24(cm²)
　(3) 直径は 62.8÷3.14＝20(cm)，半径は 10cm。
　　10×10×3.14＝314(cm²)
❷ (1) 10×10×3.14－5×5×3.14
　　＝(100－25)×3.14＝235.5(cm²)
　(2) 10×10×3.14－5×5×3.14＝235.5(cm²)
　知っておこう　計算はまとめてすると速く，まちが
　　いも少なくなる。式をつくったら，いつも計算が
　　くふうできないかと考えるようにしよう。
❸ およそ底辺 9m，高さ 7m の平行四辺形とみると，
　面積は　9×7＝63(m²)
　方眼の数を調べると，欠けていない方眼 50 個，欠
　けている方眼 30 個だから
　50＋0.5×30＝65(m²)
　知っておこう　およその面積では，求める方法によ
　　って，求めた面積にちがいが出ることがある。
❹ 大きい円の面積
　　10×10×3.14＝100×3.14
　小さい円の面積
　　5×5×3.14＝25×3.14
　100×3.14÷(25×3.14)＝100÷25＝4(倍)
❺ (1) まわり：2 つの半円を合わせると 1 つの円。
　　4×3.14＋3×2＝18.56(cm)
　　面積：右の半円を左に移すと長方形。
　　4×3＝12(cm²)

(2) まわり：大きい半円と小さい 1 つの円。
　10×2×3.14÷2＋10×3.14＝62.8(cm)
　面積：下につき出た半円を上に移すと大きい半円。
　10×10×3.14÷2＝157(cm²)
(3) まわり：小さい円の直径は 10cm。大きい半円の
　直線の部分をわすれないように。
　20×3.14÷2＋10×3.14＋20＝82.8(cm)
　面積：
　10×10×3.14÷2－5×5×3.14＝78.5(cm²)
(4) まわり：4 つのおうぎ形を集めると 1 つの円。
　5×2×3.14＝31.4(cm)
　面積：正方形の面積－おうぎ形を集めた円の面積
　10×10－5×5×3.14＝21.5(cm²)
(5) まわり：いちばん外の円周部分を集めると半円。
　そのほかは 1 つの円周。6 本の半径もわすれない
　ように。
　6×2×3.14÷2＋4×2×3.14＋2×2×3.14
　＋6×6＝92.52(cm)
　面積：水平な直径の下側を向かい合った部分に移す
　と，ちょうど半円。
　6×6×3.14÷2＝56.52(cm²)

テストに出る問題の答え　9ページ

❶ (1) 314cm²　(2) 78.5m²　(3) 157cm²
❷ 約 380m²
❸ (1) まわり…125.6cm　　面積…942cm²
　(2) まわり…102.8cm　　面積…400cm²
❹ 円の形にする方が 0.68m² 大きい
❺ (1) 14cm　(2) 545.86cm²

考え方・解き方

❶ (1) 10×10×3.14＝314(cm²)
　(2) 直径は 31.4÷3.14＝10(m)
　　面積は　5×5×3.14＝78.5(m²)
　(3) 半径×半径＝50 だから，
　　面積は　50×3.14＝157(cm²)
❷ 12×16÷2＋(16＋20)×12÷2＋8×16÷2
　　　　　　　　　　　　8
　＝376(m²)　約 380m²
❸ (1) 〔まわり〕
　　⎰ 下の半円の円周　40×3.14÷2＝62.8
　　⎱ 上の小円の円周　20×3.14＝62.8
　　　　➤あわせて 62.8×2＝125.6(cm)
　　　　(これは大きい円の円周に等しい。)

〔面積〕
　　　下の半円の面積　20×20×3.14÷2=628
　　　上の小円の面積　10×10×3.14=314
　　　　　▶あわせて 628+314=942（cm²）
(2)〔まわり〕円周の半分と直径との和になる。
　　　40×3.14÷2=62.8 …円周の半分
　　　　20+20=40　　…直径
　　　　　▶あわせて 102.8（cm）
〔面積〕　半円の左半分を右の正方形の中へうつす。
　　　　20×20=400（cm²）

4 円の形…直径 6.28÷3.14=2（m）
　　　　　半径 1（m）
　　　　　面積 1×1×3.14=3.14（m²）
　　　正方形の形…辺の長さ 6.28÷4=1.57
　　　　　　面積 1.57×1.57=2.4649

　　3.14−2.4649=0.6751（m²）だから 0.68
　　円の形にする方が 0.68m² 大きい。

5 (1)直径を□cm とすると
　　　　□×3.14+□×4=99.96
　　　　□×（3.14+4）=99.96
　　　　□=99.96÷7.14=14（cm）
　(2)7×7×3.14+14×28=545.86（cm²）

入試レベルの問題① の答え　10ページ

❶ (1) 6.28cm²　　　(2) 11.14cm
❷ (1) 199.6m　　　(2) 2736m²
❸ (1) (オ)　　　　(2) 100cm²
❹ (1) 78.5cm²　　(2) 4cm²
　　　(3) 342cm²　　(4) 28.5cm²

考え方・解き方

❶ (1)色をつけたおうぎ形の中心角は 45°で，円の $\frac{1}{8}$
　　となる。
　　　4×4×3.14÷8=6.28（cm²）
　(2)4×2×3.14÷8+4×2=11.14（cm）
❷ (1)40×3.14+37×2=199.6（m）
　　　　半円部分 2つ　直線部分
　(2)20×20×3.14+40×37
　　　半円部分 2つ　　長方形
　　=1256+1480=2736（m²）
❸ 半円の円周は
　　　10×3.14÷2=15.7（cm）
　　(ア)：10×2+15.7×2

(イ)：10×3+15.7
(ウ)：10×2+15.7×2
(エ)：10+15.7×3
(オ)：15.7×4
となり，(オ)が一番長い。
面積はつき出している半円をくりぬかれている部分に
入れると，正方形になる。

❹ (1)左の縦半分の半円を右の横半分の半円をくりぬ
　　いた部分に入れると，半径 10cm の円の面積の $\frac{1}{4}$
　　となる。
　　　10×10×3.14÷4=78.5（cm²）
　(2)三角形の外の三日月形を三角形の中に移して，色
　　の部分をつなぐと，ちょうど三角形で，直角をはさ
　　む 2辺が 4cm の直角二等辺三角形の半分。
　　　4×4÷2÷2=4（cm²）
　(3)大きい三日月−小さい三日月と考える。
　　大きい三日月の面積は
　　　40×40×3.14÷4−40×40÷2=456（cm²）
　　小さい三日月の面積は
　　　20×20×3.14÷4−20×20÷2=114（cm²）
　　456−114=342（cm²）
　(4)右の図のように，正方形の中の色
　　の部分を，正方形の対角線で 2つ
　　に分けて移すと，ちょうど三日月
　　形になる。

　　　10×10×3.14÷4−10×10÷2=28.5（cm²）
　知っておこう　よく出てくる形はかぎられている。
　　どんなくふうをするとよいかをよくおぼえておこう。

入試レベルの問題② の答え　11ページ

❶ (1) 28.5cm²　　(2) 28.5cm²
　　　(3) 21.5cm²　　(4) 157cm²
　　　(5) 57cm²　　　(6) 314cm²
❷ (1) 47.1cm　　　(2) 142.8cm²
❸ まわり… 62.8cm　　面積… 57cm²
❹ 1752m²

考え方・解き方

❶ (1)5×5×3.14−10×5÷2×2=28.5（cm²）
　(2)10×10×3.14÷4−10×10÷2
　　=28.5（cm²）
　(3)10×10−5×5×3.14=21.5（cm²）
　(4)15×15×3.14÷2−5×5×3.14÷2
　　　−10×10×3.14÷2

$= (15×15−5×5−10×10)×3.14÷2$
$= 100×3.14÷2 = 157 (cm^2)$

(5) 対角線で分けた三日月形の 2 倍とみると

$(10×10×3.14÷4−10×10÷2)×2$
$= 57 (cm^2)$

次のように考えることもできる。

$10×10×3.14÷4×2−10×10 = 57 (cm^2)$

(6) 左側の半円を右の半円にうつす。
$20×20×3.14÷4 = 314 (cm^2)$

❷ (1) 直径 10cm の円の円周の $\frac{1}{4}$ の 6 つ分である。
$10×3.14÷4×6 = 47.1 (cm)$

(2) 　　求める面積は
　　　左の赤い部分 6 つ分と黒い部
　　　分 2 つ分である。

赤い部分：$5×5×3.14÷4$
黒い部分：$5×5÷2$　だから
　　$5×5×3.14÷4×6+5×5÷2×2$
　　$= 117.75+25$
　　$= 142.75 (cm^2)$　　$142.75 cm^2$

❸ まわり：半円 4 つで，ちょうど円周 2 つ分。
$10×3.14×2 = 62.8 (cm)$
面積：正方形の対角線で 8 つの三日月形に分けられる。
その面積は，半径 5cm，中心角 90°の四分円（円を
4 つに分けた形）の面積から直角三角形の面積をひい
て求められる。
$(5×5×3.14÷4−5×5÷2)×8 = 57 (cm^2)$

知っておこう　円周や面積の求め方のくふうのしか
　たをよくおぼえておこう。

❹ 求める面積は，次の図の色の部分である。
したがって
　　　$25×25×3.14÷4×3$
　　　$+15×15×3.14÷4+5×5$
　　　$+10×10×3.14÷4$
　　$= (25×25×3+15×15+10×10)$
　　　　$×3.14÷4+25$
　　$= (1875+225+100)×3.14÷4+25$
　　$= 1727+25 = 1752 (m^2)$

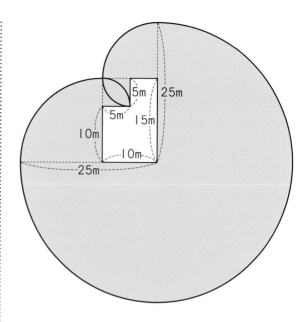

2 文字と式

教科書のドリルの答え　　16ページ

❶ (1) $a×4$　(2) $a÷6$　(3) $0.9×x$
　(4) $11+x$　(5) $1000−a×5$

❷ (1) $5÷a=x$　または $a×x=5$
　(2) $a+3=b×5$
　(3) $x×6×4=120$
　(4) $x×6÷2=y$
　(5) $(a×3+x)÷4=a+5$

❸ (1) $x×6=60$　(2) $10×x=35$
　(3) $x×21−x×12=45$
　　　または $x×(21−12)=45$

❹ (1) 1.7　(2) 25　(3) 103　(4) 1.5
　(5) 0.5　(6) 400

❺ (1) $x×6+4=52$，8
　(2) $320×x+80=2000$，6 個

考え方・解き方

❶ それぞれ次の式に，数や文字をあてはめる。
(1) （1m の重さ）×（長さ）＝（全体の重さ）
(2) （全体の代金）÷（本数）＝（1 本の値段）
(3) （縦）×（横）＝（長方形の面積）
(4) （弟の年令）＋（年令のちがい）＝（姉の年令）
(5) （出したお金）−（1 冊の値段×冊数）＝（おつり）

❷ 関係を表す式でも，ことばの式に数や文字をあてはめて式をつくるとよい。
(1) (全体の量)÷(1日に食べる量)＝(日数) または
　　(1日に食べる量)×(日数)＝(全体の量)
(2) 和はたし算の答え　$a+3=$(aと3の和)
　　積はかけ算の答え　$b×5=$(bと5の積)
　　これが等しいから　$a+3=b×5$
(3) 直方体の体積＝縦×横×高さ
(4) 三角形の面積＝底辺×高さ÷2
(5) 平均＝合計÷個数，合計＝平均×個数　なので4回のテストの合計は　$a×3+x$
　　4回の平均は3回の平均より5点多いから
　　$(a×3+x)÷4=a+5$ ……①
　　または，4回のテストの合計は$(a+5)×4$だから
　　$a×3+x=(a+5)×4$ ……②
　　さらに，4回目のテストでx点とって，平均点を5点上げるには，4回目は$(a+5×4)$点とればよいと考えると，$x=a+5×4$ ……③
　　となる。①は4回の平均の等しい関係，②は4回のテストの合計の等しい関係，③は4回目のテストの点の等しい関係を表している。
　　何についての等式をつくるかで，式の形がちがっているだけで，どれも問題にしめされた関係を表す式である。

❸ (1) 右の図から
　　$x×6=60$
　　あてはまるxの値は
　　$x=60÷6=10$
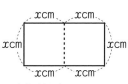
(2) 平行四辺形の面積＝底辺×高さだから
　　$10×x=35$
　　あてはまるxの値は
　　$x=35÷10=3.5$
(3) $x×21$ と $x×12$ の差が45になるから
　　$x×21-x×12=45$
　　この式は　$x×(21-12)=45$ と同じで，
　　あてはまるxの値は
　　$x=45÷9=5$

❹ (1) $x+1.8=3.5 → x=3.5-1.8=1.7$
(2) $26+x=51 → x=51-26=25$
(3) $x-24=79 → x=79+24=103$
(4) $28×x=42 → x=42÷28=1.5$
(5) $x×38=19 → x=19÷38=0.5$
(6) $x÷16=25 → x=25×16=400$

❺ (1) わり算のたしかめの式
　　(わられる数)＝(わる数)×(商)+(あまり)

にあてはめると　$x×6+4=52$
　$x×6=52-4 → x×6=48 → x=48÷6=8$
(2) (ケーキの代金)+(箱代)＝(代金)
　　$320×x+80=2000$
　　$320×x=2000-80 → 320×x=1920 →$
　　$x=1920÷320=6$　答え　6個

テストに出る問題の答え　17ページ

❶ (1) $36-a$(人)　(2) $x×6+300$(円)
　　(3) $a÷3$(枚)　(4) $a×9÷2$(cm^2)
❷ (1) ㋵　(2) ㋤
❸ (1) 4　(2) 25
❹ (1) $4×x+2=38$，9きゃく
　　(2) $(75×3+x)÷4=80$，95点

【考え方・解き方】

❶ (2) (りんごの代金)+(かご代)＝(代金)で，りんごの代金は$(x×6)$円だから，
　　$x×6+300$(円)
(4) 台形の面積＝(上底+下底)×高さ÷2だから，
　　$a×9÷2$(cm^2)

知っておこう　数量を式で表すとき，たとえば(4)で，$a×9÷2$ は面積を表し，その単位は cm^2 である。単位をつけて表す量には，必ずその単位をつけて表す。ちがった単位で表したいときは，たとえば a m＝$a×100$cm，x時間＝$x×60$分のように表さなくてはならないので，ちがった式になる。

❷ (1) (石けんの重さ)+(箱の重さ)は
　　$x×6+60$(g) である。そこで，$x×6+60=5$とするとまちがいである。＝の右は5kgであるから，単位をgにそろえて，5000gとする。
　　等式では g をはぶいて，
　　$x×6+60=5000$
(2) 6回目までの平均点は $x÷6$(点)
　　これは60点より5点低いので，5点加えると，ちょうど60点である。
　　$x÷6+5=60$
❸ (1) $x×5.2=19.6+1.2 → x×5.2=20.8 →$
　　$x=20.8÷5.2=4$
(2) $8×x=1200-1000 → 8×x=200 →$
　　$x=200÷8=25$
❹ (1) 長いすが x きゃくあるとすると，すわれる人数は $4×x$(人)。すわれない2人を合わせると38人だから，$4×x+2=38$

$4×x=38-2 \rightarrow 4×x=36 \rightarrow x=36÷4=9$

答え 9 きゃく

(2)算数のテストが x 点とすると，4教科の平均は

$(75×3+x)÷4$(点)　これが80点だから

$(75×3+x)÷4=80$

$(225+x)÷4=80 \rightarrow 225+x=80×4 \rightarrow$

$225+x=320 \rightarrow x=320-225=95$

答え 95点

入試レベルの問題① の答え　18ページ

❶ (1) $(5+x)×3÷2$(cm²)

(2) $x÷12×5$(円)

(3) $x÷2-3$(cm)

❷ 8

❸ 式… $(x+7)×2÷3=24$

正しい答え… 195

❹ 10cm

❺ 8本

考え方・解き方

❶ (3)長方形の周＝(縦＋横)×2だから

縦＋横＝長方形の周÷2

❷ 1人に x 個ずつ配ると，休んだ3人分のあめの数は $x×3$ 個。この数は，2個ずつ(15-3)人に配った数と等しいから

$x×3=2×(15-3) \rightarrow x×3=24 \rightarrow$

$x=24÷3=8$

知っておこう　あめは全部で $x×15$ 個ある。これは $(x+2)$ 個ずつ，15-3=12(人)に配った数と等しいので，$x×15=(x+2)×12$

この等式にあてはまる x の値を求めるには

$x×15=x×12+2×12$

$x×15-x×12=24$ ｜ $x×15$, $x×12$を1つの数とみて，1つにまとめるくふうをする。

$x×(15-12)=24$

$x=24÷3=8$

❸ ある数を x とすると

正しい式は $(x×2+7)×3$

あやまって計算した式は $(x+7)×2÷3=24$

この式にあてはまる x の値は

$(x+7)×2=24×3 \rightarrow x+7=72÷2 \rightarrow$

$x=36-7=29$

$x=29$ だから，正しい答えは

$(29×2+7)×3=195$

❹ 平らにすると，はじめのAの土地より x m 高くなるとすると，$30×40×x=30×30×0.4 \rightarrow$

$x=360÷1200=0.3$(m)　30cm高くなる。

Bの土地は 40-30=10(cm)けずればよい。

知っておこう　Bの土地を x mけずると平らになるとすると，Aの土地は$(0.4-x)$m高くなるので，

$30×30×x=30×10×(0.4-x)$

$900×x=300×0.4-300×x$

$900×x+300×x=300×0.4$

$(900+300)×x=120$

$x=120÷1200=0.1$(m)　10cmけずればよい。

❺ 100円のえん筆を x 本買ったとすると，50円のえん筆は$(x×3)$本買うことになる。

$100×x+50×(x×3)=2000$

$100×x+150×x=2000$

$(100+150)×x=2000$

$x=2000÷250=8$(本)

入試レベルの問題② の答え　19ページ

❶ (1) $+b×y$　(2) $(a, ×b$　(3) $+b×$

(4) $(P,)÷$

❷ (1) 60cm　(2) 75cm

❸ 45

❹ 兄… 1250円　　弟… 750円

考え方・解き方

❶ (1)りんごの代金は $x×a$(円)，バナナの代金は $y×b$(円)で，全体の代金 P 円は

$P=x×a+y×b=a×x+b×y$

(2)(1)の式の y のかわりに $x×2$ を入れると

$P=a×x+b×x×2$

$=(a+2×b)×x$

(3)(1)の式の y のかわりに $x+200$ を入れると

$P=a×x+b×(x+200)$

$=a×x+b×x+b×200$

(4)(1)の y のかわりに 300 を入れると

$P=a×x+b×300$

$b×300=P-a×x \rightarrow b=(P-a×x)÷300$

❷ (1)Aの土地をけずった土の体積と，Bの土地にもり上げた土の体積は等しいので

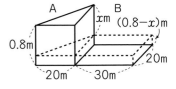

$20 \times 20 \div 2 \times x = 20 \times 30 \times (0.8 - x)$

$200 \times x = 600 \times 0.8 - 600 \times x$

$200 \times x + 600 \times x = 600 \times 0.8$

$(200 + 600) \times x = 480$

$x = 480 \div 800 = 0.6(\text{m})$　60cm けずればよい。

(2) Aの土地を x m
けずり，Bの
土地へもり上
げると，平ら
なときより
$(1-x)$m 高く
なるので

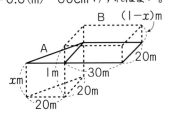

$20 \times 20 \div 2 \times x = 20 \times 30 \times (1 - x)$

$200 \times x = 600 \times (1 - x)$

$200 \times x = 600 - 600 \times x$

$200 \times x + 600 \times x = 600$

$(200 + 600) \times x = 600$

$x = 600 \div 800 = 0.75(\text{m})$

75cm けずればよい。

❸　Tさんは毎日 x ページずつ読むとすると，4日間で，
追いつかれるので

$x \times 4 + 40 = 55 \times 4 \rightarrow x \times 4 = 220 - 40 \rightarrow$

$x = 180 \div 4 = 45(\text{ページ})$

知っておこう　追いつき算と同じように考えると，

$40 \div (55 - x) = 4 \rightarrow 55 - x = 40 \div 4 \rightarrow$

$55 - x = 10$

$x = 55 - 10 = 45(\text{ページ})$

❹　弟の1か月のこづかいを x 円とすると，兄の1
か月のこづかいは$(2000 - x)$円。

$(2000 - x) \times 4 + x \times 6 = 9500$

$8000 - x \times 4 + x \times 6 = 9500$

$x \times 6 - x \times 4 = 9500 - 8000$

$x \times (6 - 4) = 1500 \rightarrow x = 1500 \div 2 = 750(\text{円})$

兄の1か月のこづかいは

$2000 - 750 = 1250(\text{円})$

3 分数のかけ算とわり算

教科書のドリルの答え　24ページ

❶ (1) $\dfrac{4}{5}$　　(2) $2\dfrac{4}{7}$　　(3) 6　　(4) 42

❷ (1) $\dfrac{2}{15}$　(2) $\dfrac{2}{15}$　(3) $\dfrac{4}{5}$　(4) $\dfrac{3}{5}$

❸ $9\dfrac{3}{8}$ g

❹ $2\dfrac{1}{2}$ m

❺ $\dfrac{3}{14}$ L

❻ $\dfrac{15}{28}$ L

❼ (1) 3, 6, 9, 12, 15, 18　　(2) なし

考え方・解き方

❶ (2) $\dfrac{3}{7} \times 6 = \dfrac{3 \times 6}{7} = \dfrac{18}{7} = 2\dfrac{4}{7}$

(3) $\dfrac{2}{5} \times 15 = \dfrac{2 \times \overset{3}{\cancel{15}}}{\cancel{5}} = 6$

(4) $2\dfrac{1}{3} \times 18 = \dfrac{7}{3} \times 18 = \dfrac{7 \times \overset{6}{\cancel{18}}}{\cancel{3}} = 42$

❷ (1) $\dfrac{4}{15} \div 2 = \dfrac{\overset{2}{\cancel{4}}}{15 \times \cancel{2}} = \dfrac{2}{15}$

(2) $\dfrac{8}{15} \div 4 = \dfrac{\overset{2}{\cancel{8}}}{15 \times \cancel{4}} = \dfrac{2}{15}$

(3) $\dfrac{12}{5} \div 3 = \dfrac{\overset{4}{\cancel{12}}}{5 \times \cancel{3}} = \dfrac{4}{5}$

(4) $4\dfrac{1}{5} \div 7 = \dfrac{21}{5} \div 7 = \dfrac{\overset{3}{\cancel{21}}}{5 \times \cancel{7}} = \dfrac{3}{5}$

❸ $\dfrac{25}{8} \times 3 = \dfrac{25 \times 3}{8} = \dfrac{75}{8} = 9\dfrac{3}{8}(\text{g})$

❹ $\dfrac{5}{6} \times 3 = \dfrac{5 \times 3}{\underset{2}{\cancel{6}}} = \dfrac{5}{2} = 2\dfrac{1}{2}(\text{m})$

❺ $\dfrac{6}{7} \div 4 = \dfrac{\overset{3}{\cancel{6}}}{7 \times \underset{2}{\cancel{4}}} = \dfrac{3}{7 \times 2} = \dfrac{3}{14}(\text{L})$

❻ $\dfrac{5}{7} \times 3 \div 4 = \dfrac{5 \times 3}{7} \div 4 = \dfrac{15}{7} \div 4$

$= \dfrac{15}{7 \times 4} = \dfrac{15}{28}$(L)

❼ (1) $\dfrac{11}{3} \times \square = \dfrac{11 \times \square}{3}$ となるので，整数になるのは，3 の倍数である。

(2) $\dfrac{3}{2} \div \square = \dfrac{3}{2 \times \square}$ となる。これが整数になる□にあてはまる数はない。

テストに出る問題 の答え　25ページ

❶ (1) 16　　(2) $32\dfrac{1}{2}$

(3) $\dfrac{2}{45}$　　(4) $\dfrac{5}{189}$

(5) 65　　(6) $\dfrac{2}{7}$

❷ (1) $25\dfrac{1}{5}$ cm²　　(2) $8\dfrac{1}{4}$ cm²

(3) $1\dfrac{1}{6}$ cm

❸ (1) $81\dfrac{1}{5}$ g　　(2) $1\dfrac{7}{13}$ cm

考え方・解き方

❶ (1) $\dfrac{4}{5} \times 20 = \dfrac{4 \times \overset{4}{\cancel{20}}}{\underset{1}{\cancel{5}}} = 16$

(2) $\dfrac{13}{6} \times 15 = \dfrac{13 \times \overset{5}{\cancel{15}}}{\underset{2}{\cancel{6}}} = \dfrac{13 \times 5}{2}$

$= \dfrac{65}{2} = 32\dfrac{1}{2}$

(3) $\dfrac{8}{15} \div 12 = \dfrac{\overset{2}{\cancel{8}}}{15 \times \underset{3}{\cancel{12}}} = \dfrac{2}{15 \times 3}$

$= \dfrac{2}{45}$

(4) $\dfrac{25}{63} \div 15 = \dfrac{\overset{5}{\cancel{25}}}{63 \times \underset{3}{\cancel{15}}} = \dfrac{5}{63 \times 3}$

$= \dfrac{5}{189}$

(5) $4\dfrac{1}{3} \times 15 = \dfrac{13}{3} \times 15 = \dfrac{13 \times \overset{5}{\cancel{15}}}{\underset{1}{\cancel{3}}}$

$= 65$

(6) $3\dfrac{3}{7} \div 12 = \dfrac{24}{7} \div 12 = \dfrac{\overset{2}{\cancel{24}}}{7 \times \underset{1}{\cancel{12}}}$

$= \dfrac{2}{7}$

❷ (1) $4\dfrac{1}{5} \times 6 = \dfrac{21}{5} \times 6$

$= \dfrac{126}{5} = 25\dfrac{1}{5}$(cm²)

(2) $5\dfrac{1}{2} \times 3 \div 2 = \dfrac{11 \times 3}{2} \div 2 = \dfrac{33}{2} \div 2 = \dfrac{33}{2 \times 2}$

$= \dfrac{33}{4} = 8\dfrac{1}{4}$(cm²)

(3) $3\dfrac{1}{2} \div 3 = \dfrac{7}{2} \div 3 = \dfrac{7}{2 \times 3}$

$= \dfrac{7}{6} = 1\dfrac{1}{6}$(cm)

❸ (1) $22\dfrac{4}{5} \div 4 + 75\dfrac{1}{2} = \dfrac{114}{5} \div 4 + \dfrac{151}{2}$

$= \dfrac{\overset{57}{\cancel{114}}}{5 \times \underset{2}{\cancel{4}}} + \dfrac{151}{2} = \dfrac{57}{5 \times 2} + \dfrac{5 \times 151}{5 \times 2}$

$= \dfrac{57 + 755}{10} = \dfrac{812}{10} = \dfrac{406}{5} = 81\dfrac{1}{5}$(g)

(2) 平行四辺形の面積は底辺×高さなので，高さは

$12\dfrac{4}{13} \div 8 = \dfrac{160}{13} \div 8 = \dfrac{\overset{20}{\cancel{160}}}{13 \times \underset{1}{\cancel{8}}} = \dfrac{20}{13}$

$= 1\dfrac{7}{13}$(cm)

教科書のドリルの答え　28ページ

❶ (1) $\dfrac{9}{28}$　(2) $\dfrac{1}{8}$

　(3) $\dfrac{5}{21}$　(4) $\dfrac{2}{15}$

❷ (1) $\dfrac{4}{5}$　(2) $7\dfrac{1}{2}$

　(3) $\dfrac{6}{7}$　(4) 28

❸ (1) $1\dfrac{1}{14}$　(2) $1\dfrac{23}{25}$　(3) $14\dfrac{2}{3}$

　(4) $\dfrac{1}{5}$　(5) $\dfrac{3}{8}$

❹ 210 円

❺ $3\dfrac{3}{5}$ kg

❻ (1) $5\dfrac{1}{3}$ dL　(2) 2 dL

考え方・解き方

❶ (1) $\dfrac{3}{7} \times \dfrac{3}{4} = \dfrac{3 \times 3}{7 \times 4} = \dfrac{9}{28}$

(2) $\dfrac{3}{4} \times \dfrac{1}{6} = \dfrac{3 \times 1}{4 \times \overset{2}{6}} = \dfrac{1}{8}$

(3) $\dfrac{5}{6} \times \dfrac{2}{7} = \dfrac{5 \times \overset{1}{2}}{\underset{3}{6} \times 7} = \dfrac{5}{21}$

(4) $\dfrac{4}{9} \times \dfrac{3}{10} = \dfrac{\overset{2}{4} \times \overset{1}{3}}{\underset{3}{9} \times \underset{5}{10}} = \dfrac{2}{15}$

❷ (1) $\dfrac{2}{5} \times 2 = \dfrac{2 \times 2}{5} = \dfrac{4}{5}$

(2) $\dfrac{5}{6} \times 9 = \dfrac{5 \times \overset{3}{9}}{\underset{2}{6}} = \dfrac{15}{2} = 7\dfrac{1}{2}$

(3) $3 \times \dfrac{2}{7} = \dfrac{3 \times 2}{7} = \dfrac{6}{7}$

(4) $42 \times \dfrac{2}{3} = \dfrac{\overset{14}{42} \times 2}{\underset{1}{3}} = 28$

❸ (1) $1\dfrac{2}{7} \times \dfrac{5}{6} = \dfrac{\overset{3}{9} \times 5}{7 \times \underset{2}{6}} = \dfrac{15}{14} = 1\dfrac{1}{14}$

(2) $\dfrac{4}{5} \times 2\dfrac{2}{5} = \dfrac{4 \times 12}{5 \times 5} = \dfrac{48}{25} = 1\dfrac{23}{25}$

(3) $5\dfrac{1}{3} \times 2\dfrac{3}{4} = \dfrac{\overset{4}{16} \times 11}{3 \times \underset{1}{4}} = \dfrac{44}{3} = 14\dfrac{2}{3}$

(4) $\dfrac{4}{5} \times \dfrac{2}{3} \times \dfrac{3}{8} = \dfrac{\overset{1}{4} \times \overset{1}{2} \times \overset{1}{3}}{5 \times \underset{1}{3} \times \underset{4}{8}} = \dfrac{1}{5}$

(5) $\dfrac{1}{2} \times \dfrac{7}{6} \times \dfrac{9}{14} = \dfrac{1 \times \overset{1}{7} \times \overset{3}{9}}{2 \times \underset{2}{6} \times \underset{2}{14}} = \dfrac{3}{8}$

❹ $280 \times \dfrac{3}{4} = \dfrac{\overset{70}{280} \times 3}{\underset{1}{4}} = 210$（円）

❺ $\dfrac{3}{4} \times 4\dfrac{4}{5} = \dfrac{3 \times \overset{6}{24}}{\underset{1}{4} \times 5} = \dfrac{18}{5} = 3\dfrac{3}{5}$（kg）

❻ (1) $\dfrac{4}{5} \times 6\dfrac{2}{3} = \dfrac{4 \times \overset{4}{20}}{5 \times \underset{1}{3}} = \dfrac{16}{3} = 5\dfrac{1}{3}$（dL）

(2) $5\dfrac{1}{3} \times \dfrac{3}{8} = \dfrac{\overset{2}{16} \times \overset{1}{3}}{\underset{1}{3} \times \underset{1}{8}} = 2$（dL）

テストに出る問題の答え　29ページ

❶ (1) 16　(2) $6\dfrac{1}{2}$

　(3) $\dfrac{3}{14}$　(4) $\dfrac{1}{3}$

　(5) 4　(6) $\dfrac{2}{3}$

　(7) $\dfrac{1}{8}$　(8) $\dfrac{3}{10}$

❷ (1) $\dfrac{4}{7}$ m²　(2) $\dfrac{13}{18}$ m²

❸ (1) 400 円　(2) 約$\dfrac{3}{4}$ m³

考え方・解き方

❶ (1) $20 \times \dfrac{4}{5} = \dfrac{\overset{4}{20} \times 4}{\underset{1}{5}} = 16$

(2) $2\dfrac{1}{6} \times 3 = \dfrac{13 \times \overset{1}{3}}{\underset{2}{6}} = \dfrac{13}{2} = 6\dfrac{1}{2}$

(3) $\dfrac{4}{7} \times \dfrac{3}{8} = \dfrac{\overset{1}{4} \times 3}{7 \times \underset{2}{8}} = \dfrac{3}{14}$

(4) $1\frac{1}{3} \times \frac{1}{4} = \frac{\overset{1}{\cancel{4}} \times 1}{3 \times \cancel{4}} = \frac{1}{3}$

(5) $1\frac{5}{7} \times 2\frac{1}{3} = \frac{\overset{4}{\cancel{12}} \times \overset{1}{\cancel{7}}}{\cancel{7} \times \cancel{3}} = 4$

(6) $\frac{5}{6} \times \frac{4}{5} = \frac{\overset{1}{\cancel{5}} \times \overset{2}{\cancel{4}}}{\underset{3}{\cancel{6}} \times \underset{1}{\cancel{5}}} = \frac{2}{3}$

(7) $\frac{3}{4} \times \frac{1}{6} = \frac{3 \times 1}{4 \times \cancel{6}} = \frac{1}{8}$

(8) $1\frac{1}{8} \times \frac{4}{15} = \frac{\overset{3}{\cancel{9}} \times \overset{1}{\cancel{4}}}{\underset{2}{\cancel{8}} \times \underset{5}{\cancel{15}}} = \frac{3}{10}$

2 (1) $\frac{5}{7} \times \frac{4}{5} = \frac{\overset{1}{\cancel{5}} \times 4}{7 \times \cancel{5}} = \frac{4}{7}$ (m²)

(2) $\frac{13}{14} \times \frac{7}{9} = \frac{13 \times \overset{1}{\cancel{7}}}{\underset{2}{\cancel{14}} \times 9} = \frac{13}{18}$ (m²)

3 (1) 使ったお金は $1000 \times \frac{3}{5} = 600$ (円)

のこ
残りのお金は $1000 - 600 = 400$ (円)

別の考え方 残りのお金の割合は $1 - \frac{3}{5} = \frac{2}{5}$

残りのお金は $1000 \times \frac{2}{5} = 400$ (円)

(2) $3\frac{3}{4} \times \frac{1}{5} = \frac{\overset{3}{\cancel{15}} \times 1}{4 \times \cancel{5}} = \frac{3}{4}$ (m³)

教科書のドリルの答え 32ページ

❶ (1) $2\frac{2}{7}$ (2) $\frac{2}{3}$ (3) 3 (4) $\frac{5}{14}$

❷ (1) $\frac{7}{18}$ (2) $\frac{3}{16}$ (3) $6\frac{2}{3}$ (4) 60

❸ (1) $4\frac{3}{8}$ (2) $\frac{15}{56}$ (3) $1\frac{3}{7}$ (4) 2

❹ (1) 1 (2) $\frac{1}{2}$

❺ $\frac{9}{10}$ kg

❻ 135cm

❼ (1) 150 ページ (2) 30 ページ

考え方・解き方

❶ (1) $\frac{6}{7} \div \frac{3}{8} = \frac{6 \times 8}{7 \times \cancel{3}} = \frac{16}{7} = 2\frac{2}{7}$

(2) $\frac{8}{9} \div \frac{4}{3} = \frac{\overset{2}{\cancel{8}} \times \overset{1}{\cancel{3}}}{\underset{3}{\cancel{9}} \times \underset{1}{\cancel{4}}} = \frac{2}{3}$

(3) $\frac{3}{2} \div \frac{1}{2} = \frac{3 \times \overset{1}{\cancel{2}}}{\cancel{2} \times 1} = 3$

(4) $\frac{5}{8} \div \frac{7}{4} = \frac{5 \times \overset{1}{\cancel{4}}}{\underset{2}{\cancel{8}} \times 7} = \frac{5}{14}$

❷ (1) $\frac{7}{9} \div 2 = \frac{7}{9 \times 2} = \frac{7}{18}$

(2) $\frac{9}{8} \div 6 = \frac{\overset{3}{\cancel{9}}}{8 \times \cancel{6}} = \frac{3}{16}$

(3) $6 \div \frac{9}{10} = \frac{\overset{2}{\cancel{6}} \times 10}{\underset{3}{\cancel{9}}} = \frac{20}{3} = 6\frac{2}{3}$

(4) $90 \div \frac{3}{2} = \frac{\overset{30}{\cancel{90}} \times 2}{\underset{1}{\cancel{3}}} = 60$

❸ (1) $2\frac{5}{8} \div \frac{3}{5} = \frac{\overset{7}{21} \times 5}{8 \times \underset{1}{3}} = \frac{35}{8} = 4\frac{3}{8}$

(2) $\frac{5}{7} \div 2\frac{2}{3} = \frac{5 \times 3}{7 \times 8} = \frac{15}{56}$

(3) $1\frac{5}{7} \div 1\frac{1}{5} = \frac{\overset{2}{12} \times 5}{7 \times \underset{1}{6}} = \frac{10}{7} = 1\frac{3}{7}$

(4) $3\frac{3}{5} \div 1\frac{4}{5} = \frac{\overset{2}{18} \times 5}{5 \times \underset{1}{9}} = 2$

❹ (1) $\frac{2}{3} \div \frac{1}{6} \times \frac{1}{4} = \frac{2 \times \overset{2}{6} \times 1}{3 \times 1 \times \underset{2}{4}} = 1$

(2) $\frac{3}{8} \times \frac{4}{5} \div \frac{3}{5} = \frac{3 \times \overset{1}{4} \times 5}{\underset{2}{8} \times 5 \times 3} = \frac{1}{2}$

❺ $\frac{3}{5} \div \frac{2}{3} = \frac{3 \times 3}{5 \times 2} = \frac{9}{10}$ (kg)

❻ $90 \div \frac{2}{3} = 90 \times \frac{3}{2} = 135$ (cm)

❼ (1) $25 \div \frac{1}{6} = 25 \times 6 = 150$ (ページ)

(2) $150 \times \frac{1}{5} = 30$ (ページ)

セ>high

テストに出る問題 の答え　33 ページ

❶ (1) 6 　(2) $\frac{5}{18}$ 　(3) $\frac{1}{6}$ 　(4) $\frac{1}{10}$

　(5) $\frac{1}{2}$ 　(6) $\frac{1}{14}$ 　(7) $\frac{4}{9}$ 　(8) 5

❷ (1) $\frac{3}{8}$ m 　(2) $\frac{3}{4}$ m

❸ (1) $\frac{5}{6}$ kg 　(2) 28 個

考え方・解き方

❶ (1) $3 \div \frac{1}{2} = 3 \times 2 = 6$

(2) $\frac{10}{9} \div 4 = \frac{\overset{5}{10}}{9 \times \underset{2}{4}} = \frac{5}{18}$

(3) $\frac{1}{8} \div \frac{3}{4} = \frac{1 \times \overset{1}{4}}{\underset{2}{8} \times 3} = \frac{1}{6}$

(4) $\frac{1}{4} \div \frac{5}{2} = \frac{1 \times \overset{1}{2}}{\underset{2}{4} \times 5} = \frac{1}{10}$

(5) $2\frac{2}{3} \div 5\frac{1}{3} = \frac{\overset{1}{8} \times \overset{1}{3}}{3 \times \underset{2}{16}} = \frac{1}{2}$

(6) $\frac{3}{8} \div 7 \div \frac{3}{4} = \frac{\overset{1}{3} \times 1 \times \overset{1}{4}}{\underset{2}{8} \times 7 \times \underset{1}{3}} = \frac{1}{14}$

(7) $\frac{10}{9} \times \frac{1}{4} \div \frac{5}{8} = \frac{\overset{2}{10} \times 1 \times \overset{2}{8}}{9 \times \underset{1}{4} \times \underset{1}{5}} = \frac{4}{9}$

(8) $2 \div \frac{4}{3} \times \frac{10}{3} = \frac{\overset{1}{2} \times \overset{1}{3} \times \overset{5}{10}}{\underset{2}{4} \times \underset{1}{3}} = 5$

❷ (1) $\frac{9}{16} \div \frac{3}{2} = \frac{\overset{3}{9} \times \overset{1}{2}}{\underset{8}{16} \times \underset{1}{3}} = \frac{3}{8}$ (m)

(2) $4\frac{2}{3} \div 4 \div 1\frac{5}{9} = \frac{\overset{1}{14} \times 1 \times \overset{3}{9}}{3 \times 4 \times \underset{1}{14}} = \frac{3}{4}$ (m)

❸ (1) $\frac{2}{3} \div \frac{4}{5} = \frac{\overset{1}{2} \times 5}{3 \times \underset{2}{4}} = \frac{5}{6}$ (kg)

(2) $8 \div \frac{2}{7} = \frac{\overset{4}{8} \times 7}{\underset{1}{2}} = 28$ (個)

入試レベルの問題① の答え　34ページ

❶ (1) 8　(2) $3\dfrac{1}{5}$　(3) $1\dfrac{1}{4}$

❷ (1) $\dfrac{5}{6}$ kg　(2) 3L

❸ 4200 円

❹ $\dfrac{4}{81}$

考え方・解き方

❶ (1) $6 \div \dfrac{3}{2} \times 2 = \dfrac{\cancel{6}^{2} \times 2 \times 2}{\cancel{3}_{1}} = 8$

(2) $3\dfrac{2}{5} \div \dfrac{1}{3} \times \dfrac{2}{17} \div \dfrac{3}{8}$

$= \dfrac{\cancel{17}^{1} \times \cancel{3}^{1} \times 2 \times 8}{5 \times \cancel{17}_{1} \times \cancel{3}_{1}} = \dfrac{16}{5} = 3\dfrac{1}{5}$

(3) $\left(2\dfrac{1}{4} - 1\dfrac{1}{8}\right) \times \dfrac{2}{3} + \dfrac{1}{2}$

$= \left(\dfrac{18}{8} - \dfrac{9}{8}\right) \times \dfrac{2}{3} + \dfrac{1}{2}$

$= \dfrac{9}{8} \times \dfrac{2}{3} + \dfrac{1}{2} = \dfrac{\cancel{9}^{3} \times \cancel{2}^{1}}{\cancel{8}_{4} \times \cancel{3}_{1}} + \dfrac{1}{2}$

$= \dfrac{3}{4} + \dfrac{1}{2} = \dfrac{3}{4} + \dfrac{2}{4} = \dfrac{5}{4} = 1\dfrac{1}{4}$

❷ (1) $3\dfrac{2}{3} \div 4\dfrac{2}{5} = \dfrac{\cancel{11}^{1} \times 5}{3 \times \cancel{22}_{2}} = \dfrac{5}{6}$ (kg)

(2) $1\dfrac{2}{5} \div 1\dfrac{1}{6} \times 2\dfrac{1}{2} = \dfrac{\cancel{7}^{1} \times \cancel{6}^{3} \times \cancel{5}^{1}}{\cancel{5}_{1} \times \cancel{7}_{1} \times \cancel{2}_{1}} = 3$ (L)

〔1km進むのに必要な量〕

❸ $4500 \times \dfrac{2}{5} = \dfrac{\overset{900}{\cancel{4500}} \times 2}{\cancel{5}_{1}} = 1800$

$1800 \div \dfrac{3}{7} = \dfrac{\overset{600}{\cancel{1800}} \times 7}{\cancel{3}_{1}} = 4200$ (円)

❹ ある数を□と表すと,

$\square \times \dfrac{15}{4} = 4\dfrac{1}{2}$

└ $\dfrac{4}{15}$ の逆数

$\square = 4\dfrac{1}{2} \div \dfrac{15}{4} = \dfrac{\cancel{9}^{3} \times \cancel{4}^{2}}{\cancel{2}_{1} \times \cancel{15}_{5}} = \dfrac{6}{5}$ ← ある数

$\dfrac{5}{6} \times \dfrac{4}{15} = \dfrac{\cancel{5}^{1} \times \cancel{4}^{2}}{\cancel{6}_{3} \times \cancel{15}_{3}} = \dfrac{2}{9}$　　$\dfrac{2}{9} \div \dfrac{9}{2} = \dfrac{2 \times 2}{9 \times 9} = \dfrac{4}{81}$

└ ある数の逆数

入試レベルの問題② の答え　35ページ

❶ (1) $1\dfrac{4}{5}$　(2) 3　(3) $\dfrac{1}{6}$

❷ 1400 円

❸ (1) 252　(2) $\dfrac{7}{18}$

❹ 150cm²

考え方・解き方

❶ (1) $\dfrac{9}{10} \div \dfrac{4}{15} \div 1\dfrac{7}{8} = \dfrac{9 \times \cancel{15}^{3} \times \cancel{8}^{\cancel{2}1}}{\cancel{10}_{5} \times \cancel{4}_{1} \times \cancel{15}_{1}}$

$= \dfrac{9}{5} = 1\dfrac{4}{5}$

(2) $\dfrac{1}{2} \times \dfrac{6}{7} \div \dfrac{1}{7} = \dfrac{1 \times \cancel{6}^{3} \times \cancel{7}^{1}}{\cancel{2}_{1} \times \cancel{7}_{1} \times 1} = 3$

(3) $\dfrac{1}{3} \times \dfrac{2}{7} + 0.25 \times \dfrac{2}{7} = \left(\dfrac{1}{3} + \dfrac{1}{4}\right) \times \dfrac{2}{7}$

（0.25 = $\dfrac{1}{4}$）　計算のくふう

$= \left(\dfrac{4}{12} + \dfrac{3}{12}\right) \times \dfrac{2}{7} = \dfrac{7}{12} \times \dfrac{2}{7} = \dfrac{1}{6}$

知っておこう　○×△＋□×△＝(○＋□)×△

この計算のくふうは特にしっかりと覚えておこう。

❷

$600 \div \left(1 - \dfrac{1}{3}\right) = 600 \div \dfrac{2}{3} = 900$　①の部分

$900 + 150 = 1050$　②の部分

$1050 \div \left(1 - \dfrac{1}{4}\right) = 1050 \div \dfrac{3}{4} = 1400$ (円)　③の部分

❸ (1) $\left(495 \div 1\dfrac{4}{7}\right) \times \dfrac{4}{5} = \dfrac{\overset{9}{\underset{}{\cancel{\overset{45}{495}}}} \times 7 \times 4}{\cancel{11}_{1} \times \cancel{5}_{1}}$

$= 252$ (m)

(2) $495 \div \dfrac{11}{7} = \dfrac{\overset{45}{\cancel{495}} \times 7}{\cancel{11}_{1}} = 315$ (m) ←

みちこさんの家から
学校までの道のり

$$315 \div 810 = \frac{315}{810} = \frac{7}{18}$$

❹ $\frac{2}{3} \times \left(1 + \frac{3}{5}\right) = \frac{2}{3} \times \frac{8}{5} = \frac{16}{15}$ ◄

縦を $\frac{2}{3}$ 倍にして横を $\frac{3}{5}$ のばすと
面積は $\frac{16}{15}$ 倍になった

$$10 \div \left(\frac{16}{15} - 1\right) = 10 \times 15 = 150\,(\text{cm}^2)$$

4 対称な図形

教科書のドリルの答え　40ページ

❶ ㋐, ㋒, ㋔, ㋕

❷ (1)直線ＡＥ　(2)点Ｆ　(3)辺ＨＧ

❸ (1)5本　(2)1本　(3)2本
　(4)1本　(5)4本　(6)1本

❹ (1)点Ｋ　(2)①直線ＣＩ　②直線ＤＪ

❺
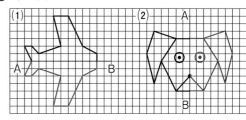

❻ (1)4.2cm　(2)4cm　(3)90°(直角)

考え方・解き方

❶ 対称の軸をさがそう。

❷ 対称の軸と対応する点を結ぶ直線が直角に交わるかどうか調べる。

❸ 対称の軸をかき入れると，次のようになる。

(1)　　　(2)　　　(3)

(4)　　　(5)　　　(6)
 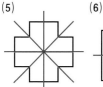

❹ 線対称な図形では，対応する点を結ぶ直線と，対称の軸とは，直角に交わることを覚えておこう。

❺ 対称の軸に対して対応する点を方眼を利用して見つける。その点を順に結んでいく。

❻ (1)対応する辺がＦＥだから 4.2cm
　(2)直線ＦＭと同じ長さだから 4cm
　(3)対応する点Ｆと点Ｈを結ぶ直線は，対称の軸と直角に交わるから 90°(直角)。

テストに出る問題の答え　41ページ

❶ (1)○　(2)○　(3)×　(4)○　(5)×

❷ 下の図

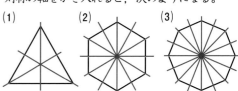

❸ (1)3本　(2)6本　(3)8本

❹ (1)5本　(2)点Ｅ　(3)辺ＧＦ

考え方・解き方

❶ 対称の軸をさがそう。

❷ 対称の軸に対して対応する点を方眼を利用して見つける。

❸ 対称の軸をかき入れると，次のようになる。

(1)　　　(2)　　　(3)

❹ (1)対称の軸をかき入れると右のようになる。

　(2)点Ａから直線ＣＨに垂直な直線をひき，その直線の長さを2倍にのばしたところの点はＥ。
　(3)(2)と同様にして点Ａ，点Ｂに対応する点を求めると，それぞれ点Ｇ，点Ｆだから，辺ＧＦ

知っておこう　正多角形の対称の軸は，その正多角形の辺の数だけあることを覚えておこう。

教科書のドリルの答え　44ページ

❶ ㋐, ㋑, ㋒, ㋓, ㋔

❷ (1) ㋐, ㋑, ㋗　(2) ㋓
(3) ㋔, ㋕, ㋖, ㋘　(4) ㋒

❸ (1) ㋐, ㋒, ㋔　(2) ㋑, ㋒, ㋓

❹

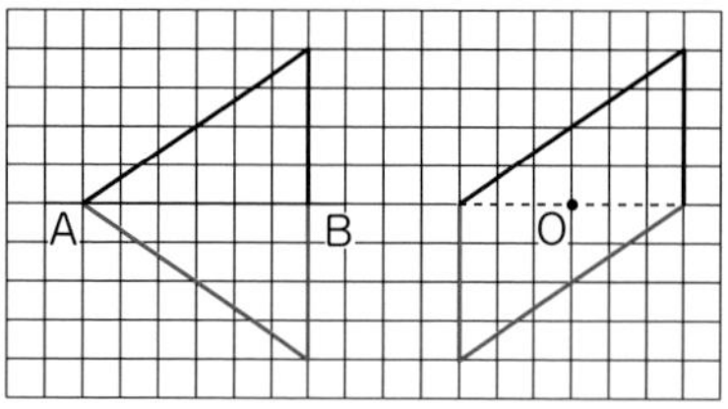

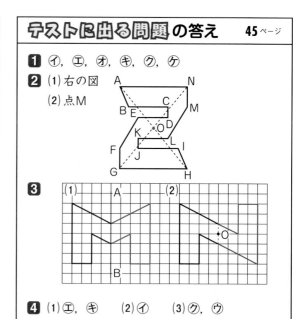

❺ (1) 右の図
(2) 右の図

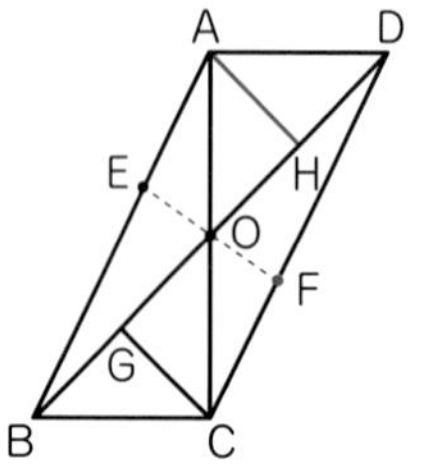

考え方・解き方

❶ 図形のまん中の点を中心にして，180°回転させたとき，もとの図形と重なるかどうかを調べる。㋕は120°回転させると重なるが，180°回転させると重ならないので，点対称(たいしょう)ではない。

❷ 三角形は，点対称にはならない。三角形の特別(とくべつ)な形とみることもできる㋐の二等辺(へん)三角形，㋑の正三角形は，線対称である。四角形では，㋒の台形は，線対称にも点対称にもならないが，㋓の平行四辺形では，線対称にはならないが点対称になる。平行四辺形の特別な形とみることもできる㋔のひし形，㋕の長方形，㋖の正方形は，線対称でも点対称でもある。正多角形は，線対称になる。正四角形(正方形)，正六角形，正八角形…などは点対称になるが，正三角形，正五角形，正七角形…などは点対称にならない。だから，㋗の正五角形は，点対称にはならないが線対称になる。㋘の正六角形は，線対称でも点対称でもある。

❸ 対称の軸，対称の中心がないか調べる。

❹ (1) 対称の軸に対して対応(たいおう)する点を方眼(ほうがん)を利用(りよう)して見つける。
(2) 対称の中心に対して対応する点を見つける。

❺ (1) EOをのばして，DCと交わったところを点Fとする。
(2) 直線BD上に，BGと同じ長さをDからとってHとし，AとHを結(むす)べばよい。

テストに出る問題の答え　45ページ

❶ ㋑, ㋓, ㋔, ㋖, ㋗, ㋘

❷ (1) 右の図
(2) 点M

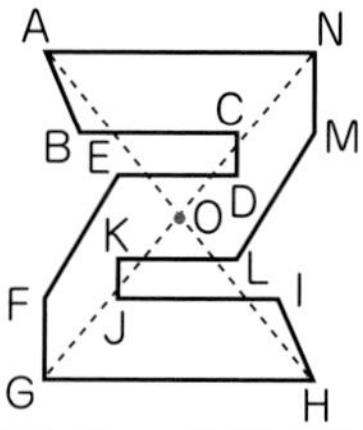

❸

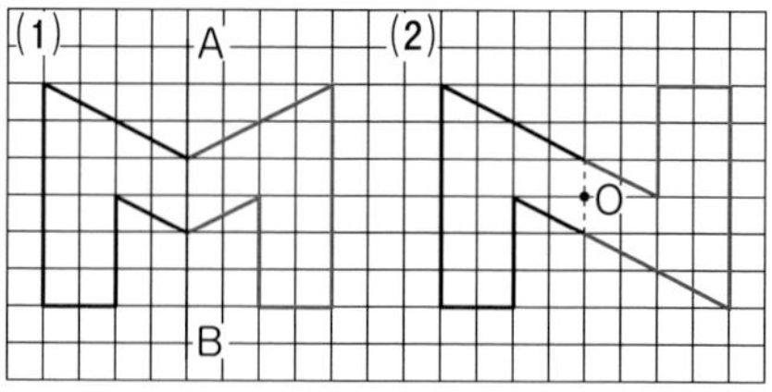

❹ (1) ㋓, ㋖　(2) ㋑　(3) ㋗, ㋒

考え方・解き方

❶ 180°回転させたとき，ぴったり重なるものを選(えら)ぶ。

❷ (1) 直線AH，直線GNの交わったところを中心Oとする。(ほかの対応する点を結んでもよい。)
(2) FOをのばすと，Mを通るので，点Fに対応する点はMとなる。

❸ 対応する点がどこになるかを考えればよい。

❹ 線対称，点対称な図形の性質(せいしつ)である。
(1)(2)対称の軸に関する性質。覚えておくとよい。
(3) 対称の中心に関する性質。覚えておくとよい。

入試レベルの問題①の答え　46ページ

◆1 (1) ㋐, ㋒, ㋓, ㋖, ㋘
(2) ㋑, ㋕, ㋗, ㋘, ㋙

◆2 (1) 8cm　(2) 5cm

◆3 (1) ○　(2) ×

◆4

	2本の対角線の長さ	
	等しい	等しくない
線対称	㋒, ㋓	㋑, ㋕
点対称	㋒, ㋓	㋐, ㋑

考え方・解き方

◆1 (1) 線対称では，対称の軸が正方形の対角線上にくる場合があることに注意する。
(2) ㋑, ㋕, ㋗, ㋘, ㋙も点対称になることに注意する。

❷ (1)右の図で，ＢＦの長さが 8cm だから，半径は 8cm となる。
(2)対称の中心Oは，直線ＤＥのまん中だから，ＤＯは 3cm となり，ＡＯは 5cm となる。

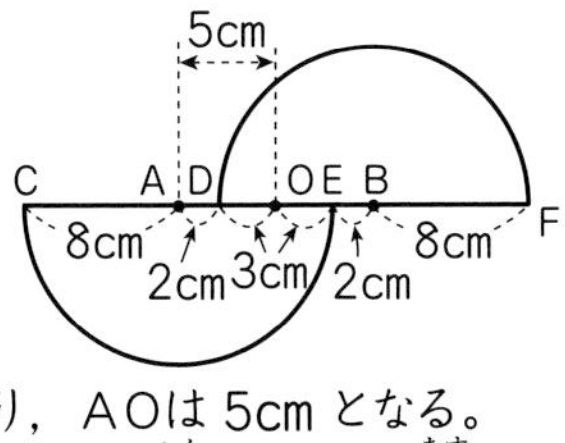

❸ (1)対角線 2 本と向かいあった辺のまん中を結んでできる直線 2 本である。
(2)三角形は点対称にならない。

❹ 線対称は対称の軸，点対称は対称の中心を調べる。対角線の長さは，方眼を利用して調べる。

入試レベルの問題②の答え　47ページ

❶ ㋓

❷

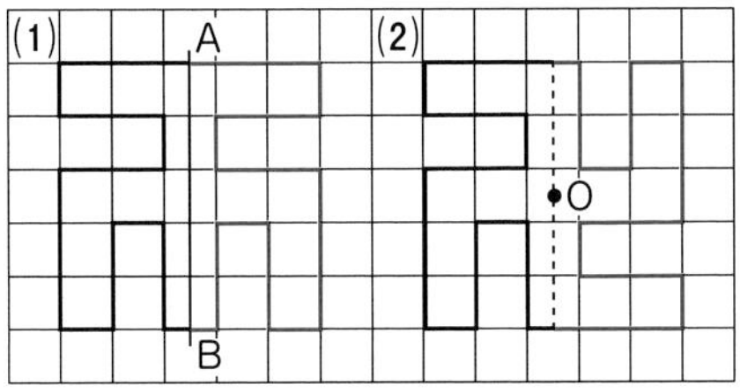

❸

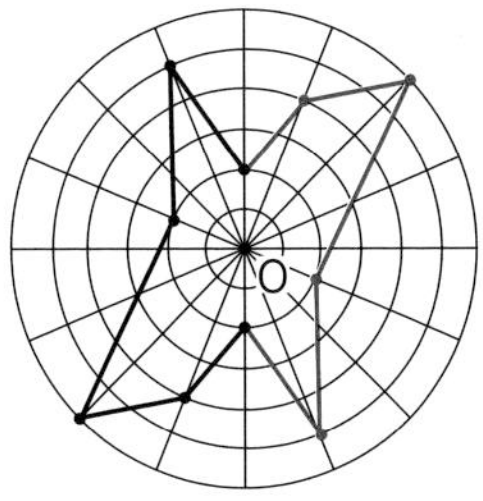

❹ (1)，(3)，(5)

考え方・解き方

❶ 長方形には㋐，㋒，㋔が，ひし形には㋐，㋑，㋒，㋔が，正方形には㋐，㋑，㋒，㋓，㋔があてはまるので，正方形だけにあてはまるのは㋓となる。

❷ 対応する点がどこになるか考えればよい。

❸ それぞれ対応する点をとって，直線でつなげばよい。

❹ 四角形ＡＢＣＤは平行四辺形であることに目をつけて，辺の長さや角の大きさを調べる。

5 比とその利用

教科書のドリルの答え　51ページ

❶ (1)50：30，$\frac{5}{3}$　(2)$\frac{2}{3}$：$\frac{4}{5}$，$\frac{5}{6}$

(3)16：8，2

❷ (1)22：18　(2)18：22
(3)22：40　(4)18：40

❸ 80：120(0.8：1.2)

❹ 4：16(0.4：1.6)

❺ (1)2：40　(2) 5 ％

❻ (1)28：80　(2)35％

考え方・解き方

❷ 組全体の人数：22＋18＝40(人)

❸，❹ 単位をそろえてから比に表す。

❺ (2)$2 \div 40 \times 100 = 5$(％)

❻ (2)$28 \div 80 \times 100 = 35$(％)

教科書のドリルの答え　54ページ

❶ [い]，[え]，[お]

❷ (1)2：5　(2)5：2　(3)8：7

❸ (1)5：8　(2)1：2　(3)5：6

❹ (1)10　(2) 4

❺ (1)5：3　(2)4：3　(3)3：2
(4)1：8　(5)5：7

考え方・解き方

❶ 4：6＝2：3
比は，同じ数をかけても，同じ数でわっても等しい。

[別の考え方]　4：6 の比の値は$\frac{2}{3}$，[あ]～[か]の比の値は

[あ]$\frac{3}{4}$　[い]$\frac{2}{3}$　[う]$\frac{7}{8}$　[え]$\frac{2}{3}$　[お]$\frac{2}{3}$　[か]$\frac{3}{2}$

❷ (1)3 でわる　2：5
(2)6 でわる　5：2
(3)6 でわる　8：7

❸ (1)2.5：4＝25：40＝5：8
(2)1.8：3.6＝18：36＝1：2
(3)$\frac{1}{2}$：$\frac{3}{5}$＝$\frac{5}{10}$：$\frac{6}{10}$＝5：6

❹ (1)5 倍する　2：3＝10：15
(2)4 でわる　20：16＝5：4

❺ (1)25：15＝5：3　(2)48：36＝4：3
(3)60：(100－60)＝60：40＝3：2
(4)160：(160＋1040＋80)＝160：1280＝1：8
(5)100×120：120×140＝12000：16800
＝5：7

テストに出る問題 の答え　55ページ

❶ (1) 2：5　(2) 4：9　(3) 3：4
　 (4) 2：3　(5) 3：2　(6) 4：1
　 (7) 5：2　(8) 4：5　(9) 5：18
　 (10) 3：1
❷ (1) 10　(2) 12
❸ 1：5
❹ 8：7
❺ 1：4
❻ 8：7

考え方・解き方

❶ (1) 6 でわる　(2) 9 でわる　(3) 45 でわる
　 (4) 10 をかけて 23 でわる
　 (5) 10 をかけて 25 でわる
　 (6) 100 をかけて 25 でわる
　 (7) 7 をかける　(8) 10 をかける
　 (9) 6 をかける　(10) 3 をかける
❷ (1) 3 でわる　6：30＝2：10
　 (2) 4 をかける　3：0.5＝12：2
❸ 150：750＝1：5
❹ 1.6：(3−1.6)＝1.6：1.4＝8：7
❺ 3×3：6×6＝9：36＝1：4
❻ 4×2×3.14：7×3.14＝8：7

教科書のドリル の答え　58ページ

❶ $4\frac{1}{2}$ km（4.5km）
❷ 960 冊
❸ (1) 21 人　(2) 39 人
❹ 105cm
❺ 250cm
❻ 8 ㎡
❼ あ… 60cm　　い… 100cm
❽ (1) ＡＢ… 60m　　ＢＣ… 90m
　 (2) 5400㎡

考え方・解き方

❶ $12×\frac{3}{8}=\frac{9}{2}=4\frac{1}{2}$ (km)＝4.5(km)
　　　→ のぼり道は全体の $\frac{3}{8}$ になる
❷ 歴史の本は，科学の本の $\frac{4}{5}$ 倍だから，
　 $1200×\frac{4}{5}=960$(冊)

❸ (1) 男子は女子の $\frac{7}{6}$ 倍だから，
　 $18×\frac{7}{6}=21$(人)
　 (2) 21＋18＝39(人)

❹ 横の長さは縦の長さの $\frac{3}{2}$ 倍だから，
　 $70×\frac{3}{2}=105$(cm)

❺ ひろしさんはまさきさんの $\frac{5}{7}$ 倍とんだから，
　 $350×\frac{5}{7}=250$(cm)

❻ 野菜畑の面積は花畑の面積の $\frac{4}{3}$ 倍だから，
　 $6×\frac{4}{3}=8$(㎡)

❼ あ $160×\frac{3}{3+5}=60$(cm)
　 い $160×\frac{5}{3+5}=100$(cm)

❽ (1) ＡＢ＝ＣＤ，ＢＣ＝ＤＡなので，
　　 ＡＢ＋ＢＣとＣＤ＋ＤＡは等しい。
　　 ＡＢ＋ＢＣは 150m である。
　　 $150×\frac{2}{5}=60$(m)　 $150×\frac{3}{5}=90$(m)
　 (2) 60×90＝5400(㎡)

テストに出る問題 の答え　59ページ

❶ 225 人
❷ 3.6L
❸ 1125m
❹ きゅうり… 150㎡　　トマト… 210㎡
❺ 12 人と 16 人
❻ 90°

考え方・解き方

❶ $495×\frac{5}{6+5}=225$(人)
　 青：黄＝3：8より青色のペンキは黄色のペンキの $\frac{3}{8}$ 倍
❷ $9.6×\frac{3}{8}=3.6$(L)
❸ $750×\frac{5}{2}=1875$(m)　◀ 妹が進んでいるきょり
　 1875−750＝1125(m)
❹ $360×\frac{5}{5+7}=150$(㎡)　……きゅうり
　 360−150＝210(㎡)　……トマト

別の考え方　トマトの面積を，

$$360 \times \frac{7}{5+7} = 210(m^2)$$ として求めてもよい。

5 $60:80 = 3:4$

$28 \times \dfrac{3}{3+4} = 12$（人）　……60m²の方

$28 - 12 = 16$（人）　……80m²の方

6 $180 \times \dfrac{5}{2+3+5} = 90$（°）

入試レベルの問題①の答え　60ページ

❶ (1) $4:3$　(2) $2:9$　(3) $15:16$
　　(4) $4:9$
❷ 2, 1
❸ 縦…40m　　横…56m
❹ 1600
❺ 58個
❻ 11:12

考え方・解き方

❶ (1) $\dfrac{1}{3}:\dfrac{1}{4} = \dfrac{4}{12}:\dfrac{3}{12} = 4:3$

(2) $0.6:2.7 = 6:27 = 2:9$

(3) $\dfrac{3}{4}:\dfrac{4}{5} = \dfrac{15}{20}:\dfrac{16}{20} = 15:16$

(4) 2分40秒：0.1時間＝160秒：360秒
　　→6分＝360秒
　　＝ $4:9$

❷ A：B＝3：2＝6：4　……①
　　B：C＝4：3　……②より
　　A：B：C＝6：4：3
　　　　　①　①②
　　したがって　A：C＝6：3＝2：1

❸ $192 \div 2 = 96$　←縦＋横
　　$96 \times \dfrac{5}{5+7} = 40$（m）　……縦
　　$96 - 40 = 56$（m）　……横

❹ A：B＝8：3＝32：12
　　B：C＝4：7＝12：21
　　A：B：C＝32：12：21
　　$3250 \times \dfrac{32}{32+12+21} = 1600$（円）

❺ 赤：青＝3：2＝15：10
　　青：白＝5：2＝10：4
　　赤：青：白＝15：10：4
　　青は20個あるので，個数を比に表すと，

$15:10:4 = \boxed{30}:20:\boxed{8}$（2倍）

したがって　赤：青：白＝30：20：8
$30+20+8 = 58$（個）

❻ Bの長方形で，縦：横＝5：3

横は12cmだから，縦は $12 \times \dfrac{5}{3} = 20$（cm）

（縦の長さ）＋（横の長さ）＝20＋12＝32（cm）

これは長方形Aの縦と横の長さの和に等しい。

$32 \times \dfrac{11}{11+5} = 22$（cm）　……縦

$32 - 22 = 10$（cm）　……横

したがって，Aの面積とBの面積の比は，

$22 \times 10 : 20 \times 12 = 220 : 240 = 11 : 12$

入試レベルの問題②の答え　61ページ

❶ (1) $\dfrac{35}{3}$　(2) 2　(3) 2　(4) $\dfrac{4}{3}$
❷ 28cm
❸ 12.5m
❹ おさむさん
❺ 40000
❻ あ…63　　い…27

考え方・解き方

❶ (1) 右側の比を $\dfrac{5}{3}$ 倍する　$7 \times \dfrac{5}{3} = \dfrac{35}{3}$

(2) $1.2:0.8 = 12:8 = 3:\boxed{2}$（×10，÷4）

(3) $3:1.2 = 30:12 = 5:\boxed{2}$（×10，÷6）

(4) $\dfrac{1}{5}:0.75 = 20:75 = \boxed{\dfrac{4}{3}}:5$（×100，÷15）

❷ 縦の長さは変えていないので，もとの正方形の1辺は7にあたる。のばした8cmは2にあたる量なので，

$8 \times \dfrac{7}{2} = 28$（cm）

❸ さやかさんとお姉さんが，同じ時間に走ることのできるきょりの比は，

$(50-10):50 = 4:5$

さやかさんが50m走る間にお姉さんが走るきょりは，

$50 \times \dfrac{5}{4} = 62.5$（m）

62.5−50＝12.5（m）後ろから走る。

❹ としやさんが5歩進んだきょりを
3×5＝15 とすると，
その間におさむさんが進むきょりは，
4×4＝16 ▶歩数の比は5：4
▶1歩の長さの比は3：4

としやさんが15進む間に，おさむさんは16進む
ので，おさむさんの方が先にゴールする。

❺ A：B＝$\frac{1}{4}$：$\frac{1}{3}$＝$\frac{3}{12}$：$\frac{4}{12}$＝3：4＝15：20
B：C＝0.5：0.3＝5：3＝20：12
A：B：C＝15：20：12
94000×$\frac{20}{15+20+12}$＝40000（円）

❻ A：B＝7：3だから
A＝○×7，B＝○×3と表すことができる。
A×B＝（○×7）×（○×3）
　　　＝21×○×○＝1701
○×○＝1701÷21＝81＝9×9　○＝9
同じ数どうしかけたもの　　　同じ数どうしかけて81になるのは…
A＝9×7＝63　B＝9×3＝27

6 拡大図と縮図

教科書のドリルの答え　66ページ

❶ (1)う　　(2)お

❷ (1)$\frac{1}{2}$　　(2)75°

❸
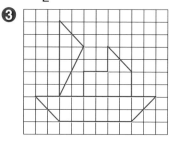

❹
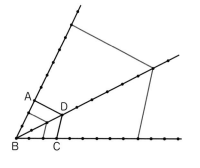

---

❺ (1)3：2　　(2)角D
　(3)AC…7.5cm　　DE…3cm

❻

考え方・解き方

❶ 対応する辺，対応する角があるか調べる。

❷ (1)辺ABに対応する辺は，辺ADなので$\frac{1}{2}$
　(2)角Eに対応する角は，角Cなので，75°

❸ 対応する辺の長さが2倍になるようにかく。

❹ 直線BA，BD，BCをそれぞれ3倍および$\frac{2}{3}$倍
　したところに点をとって結ぶ。

❺ (1)対応する辺の長さから，6：4＝3：2
　(2)対応する角は同じ角度なので，角D
　(3)AC＝5×$\frac{3}{2}$＝7.5（cm）
　　DE＝4.5×$\frac{2}{3}$＝3（cm）

❻ 3つの辺が12cm，6cm，8cmの三角形をかく。

テストに出る問題の答え　67ページ

❶ (1)点C　(2)30°　(3)9cm

❷ (1)2cm　(2)角D　(3)1.5cm²

❸
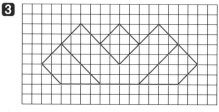

❹
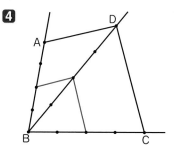

考え方・解き方

❶ (1)角Eと同じ角度の角Cが対応するので，点C
　(2)角Dに対応する角は，角Aなので

$180-90-60=30(°)$

(3) $DE=6\div\frac{2}{3}=6\times\frac{3}{2}=9$(cm)

[2] (1) AE：AC＝1.5：3＝1：2

だから，三角形ＡＤＥは三角形ＡＢＣの$\frac{1}{2}$の縮図（しゅくず）である。

$DE=4\times\frac{1}{2}=2$(cm)

(2) 対応（たいおう）する角は同じ角度なので，角Ｄ

(3) $2\times1.5\div2=1.5$(cm^2)

[3] 対応する辺（へん）の長さが２倍になるようにかく。

[4] 直線ＢＡ，ＢＤ，ＢＣを$\frac{1}{2}$倍したところに点をとって結（むす）ぶ。

テストに出る問題の答え　69ページ

[1] 縦（たて）… 5cm　　横… 7.5cm

[2] 2cm

[3] 約（やく）18m

[4] ㋐… 4　　㋑… 50000　　㋒… 2.5

㋓… 50

[5] (1) ＡＢ… 64m　　ＡＤ… 90m

ＤＣ… 96m

(2) 7200m^2

考え方・解き方

[1] $1000\div200=5$(cm)…縦

$1500\div200=7.5$(cm)…横

[2] $(10\times50000)\div250000=2$(cm)

[3] 実際（じっさい）に三角形ＡＢＣの縮図をかいてみると，ＡＢの長さは約 3.5cm になる。

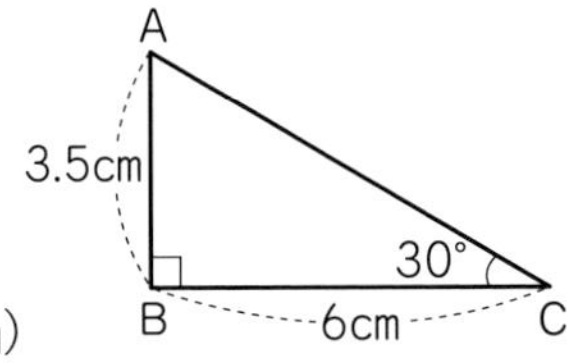

$3.5\times500=1750$(cm)

→約 18m

[4] ㋐ $40\times100\times\frac{1}{1000}=4$(cm)

㋑ $10:5\times1000\times100=10:500000=1:50000$

㋒ $5\div\frac{1}{50000}=5\times50000$

$=250000$(cm)$=2.5$(km)

㋓ $10\times100000\times\frac{1}{20000}=50$(cm)

[5] (1) $AB=3.2\times2000=6400$(cm)$=64$(m)

$AD=4.5\times2000=9000$(cm)$=90$(m)

$DC=4.8\times2000=9600$(cm)$=96$(m)

(2) $(64+96)\times90\div2=7200$(m^2)

入試レベルの問題①の答え　70ページ

[1] (1)

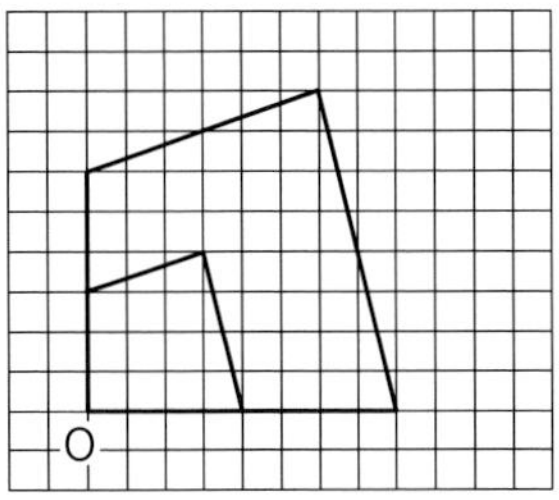

(2)

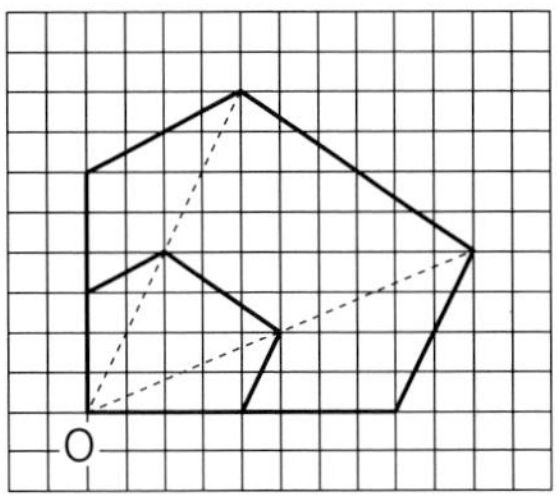

[2] ＥＣ… 7.5cm　　ＢＣ… 15cm

[3] 約 12m

[4] (1) 1250　(2) 307

考え方・解き方

[1] 対応する辺の長さを(1)は２倍，(2)は$\frac{1}{2}$にする。

[2] AD：AB＝1：2 だから，三角形ＡＢＣは三角形ＡＤＥを２倍に拡大（かくだい）したものである。

$EC=AE=7.5$(cm)

$BC=7.5\times2=15$(cm)

[3] 実際に三角形の縮図を$\frac{1}{100}$でかいてみると，高さは約 12cm になる。

$12\times100=1200$(cm)$=12$(m)→約 12m

[4] (1) $(50\times100)\div4=1250$

(2) $\{4\times3.14+(10-4)\times2\}\times1250$

$=30700$(cm)→ 307m

入試レベルの問題②の答え　71ページ

❶ (1) 0.24　(2) 6.38　(3) 4800
❷ (1) 45°　(2) 7.5cm　(3) 2cm
　 (4) 1：9
❸ (1) 4倍
　 (2) 右の図
　 (3) 6cm

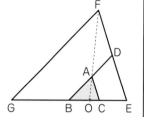

考え方・解き方

❶ (1) 2.4×10000＝24000（cm）→ 0.24km
　 (2) 6.38km＝638000cm
　　　638000÷100000＝6.38（cm）
　 (3) 3cm＝0.03m，4cm＝0.04m
　　　（0.03×2000）×（0.04×2000）
　　　＝4800（m²）
❷ (1) への角は，ロの角に対応しているから 45°
　 (2) 辺ロハと辺ヘトは対応しているので
　　　2.5×3＝7.5（cm）
　 (3) $6 \times \dfrac{1}{3} = 2$（cm）
　 (4) あ：い＝$\left(\dfrac{1}{2} \times 2.5 \times 2\right)$：$\left(\dfrac{1}{2} \times 7.5 \times 6\right)$
　　　　　＝2.5：22.5＝5：45＝1：9
❸ (1) 2×2＝4（倍）
　 (2) 対応する頂点を結んだ3つの直線が集まる点が中心Oとなる。
　 (3) BO：GB＝1：3
　　　GB＝BE＝9×2＝18（cm）
　　　BO＝18÷3＝6（cm）

7 角柱や円柱の体積

教科書のドリルの答え　76ページ

❶ (1) 180cm³　(2) 785cm³
　 (3) 72cm³　(4) 232.5cm³
❷ (1) 10　(2) 2.1
❸ 364cm³
❹ Bのほうが706.5cm³大きい
❺ 600cm³
❻ 1237.5m³
❼ 4cm

考え方・解き方

❶ (1) 18×10＝180（cm³）
　 (2) 5×5×3.14×10＝785（cm³）
　 (3) （6×3÷2）×8＝72（cm³）
　 (4) 31×7.5＝232.5（cm³）
❷ (1) 490÷7＝70
　　　（6＋8）×□÷2＝70
　　　70×2÷（6＋8）＝10（cm）
　 (2) 88.2÷42＝2.1（cm）
❸ （8×3÷2）＋5×8＝52
　　52×7＝364（cm³）
❹ A　7.5×7.5×3.14×32＝5652（cm³）
　 B　9×9×3.14×25＝6358.5（cm³）
　6358.5－5652＝706.5（cm³）
❺ 15×8÷2×10＝600（cm³）
❻ （150×180－75×60÷2）×0.05
　＝1237.5（m³）
❼ 314÷（5×5×3.14）＝4（cm）

テストに出る問題 の答え　　77ページ

1 (1) 72cm³　(2) 360cm³
　　(3) 628cm³　(4) 753.6cm³
2 (1) 三角柱　(2) 240cm³
3 (1) 円柱　(2) 942cm³
4 4cm

考え方・解き方

1 (1) 8×3÷2×6＝72（cm³）
　(2)(6＋12)×4÷2×10＝360（cm³）
　(3) 5×5×3.14×8＝628（cm³）
　(4) 4×4×3.14×15＝753.6（cm³）
2 (1) 底面が直角三角形で, 高さが10cm の三角柱ができる。
　(2) 6×8÷2×10＝240（cm³）
3 (1) 底面が半径 5cm の円で, 高さが12cm の円柱ができる。
　(2) 5×5×3.14×12＝942（cm³）
4 Aに入っている水の量は
　　4×4×3.14×9＝452.16
　　Bの深さは　452.16÷(6×6×3.14)＝4（cm）

知っておこう　**4**のような場合には, 分数の形にして約分すると計算が簡単になります。

$$\dfrac{\overset{2}{\cancel{4}}\times\overset{2}{\cancel{4}}\times 3.14\times\overset{1}{\cancel{9}}}{\underset{3}{\cancel{6}}\times\underset{3}{\cancel{6}}\times 3.14}=4$$

入試レベルの問題 の答え　　78ページ

1 215cm³
2 (1) 900cm³　(2) 6cm
3 (1) 60cm²　(2) 1260cm³
　　(3) 8.4cm
4 (1) 504L　(2) 23分

考え方・解き方

1 底面積は
　10×10−10×10×3.14÷4
　＝21.5（cm²）
　となるので, 体積は
　21.5×10＝215（cm³）

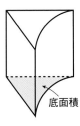

底面積

2 (1)(6＋9)×(8−4)÷2＋15×4＝90
　　90×10＝900（cm³）
　(2) 900÷(15×10)＝6（cm）
3 (1) 20−12＝8
　　15×(8÷20)×10＝60（cm²）
　(2) 20×15÷2×10−15×$\dfrac{8}{20}$×8÷2×10
　　＝1260（cm³）
　(3) 1260÷(20×15÷2)＝8.4（cm）

知っておこう　右の図のように
平行な直線があると
$a:b=c:d$
という関係がある。これを使えるようにしておこう。

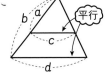

4 (1) 台形の面を底面とする四角柱と考える。
　　(45＋95)×60÷2×120÷1000＝504（L）
　(2) 深さが30cm のとき, 台形の上底は
　　45＋(95−50)×$\dfrac{30}{60}$＝70（cm）となるので,
　　そのときの水の量は
　　(45＋70)×30÷2×120÷1000＝207（L）
　　207÷9＝23（分）

8 比例と反比例

教科書のドリルの答え　82ページ

❶ ㋑，㋒，㋔

❷ (1) ㋐… 5　㋑… 2　㋒… 12.5
　㋓… 3

(2) 40cm²

(3) $y=5\times x$

❸ (1) $y=0.8\times x$

(2) $y=900\times x$

❹ (1) 比例する

(2) 40g

(3) 2.5cm³

❺ 右の図

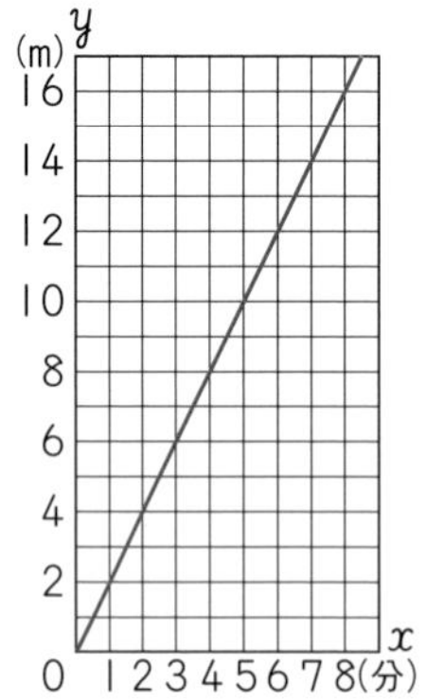

考え方・解き方

❷ 底辺が 5cm の平行四辺形の面積は $(5\times x)$cm² となることから考える。

❸ 比例の式の決まった数は，
(1) では 0.8，(2) では 900 となる。

❹ (1) 鉄の量と重さを表すグラフが 0 の点を通る直線になっているので比例する。

❺ 式でかくと，$y=2\times x$ となる。

[知っておこう] グラフをみて比例する関係にあるかどうかわかるようにしよう。直線を表していても，0 の点を通らない場合，比例するとはいわない。

テストに出る問題の答え　83ページ

[1] ㋐，㋑，㋔

[2] (1) ㋐… 70　㋑… 2　㋒… 210
　㋓… 5　㋔… 420

(2) $y=70\times x$

[3] (1) $y=4\times x$

(2) 18cm

[4] (1) $y=1.5\times x$

(2) 右の図

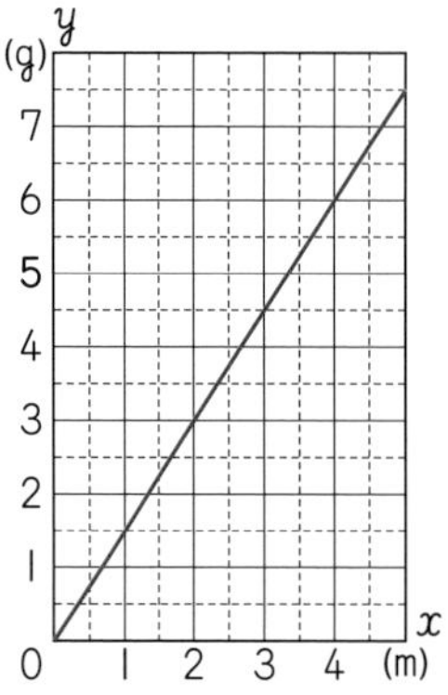

考え方・解き方

[2] (2) 表を完成すると，1 分間に 70m 進むことがわかる。決まった数は 70 となる。
$y=70\times x$

[3] (1) 決まった数は 4
$y=4\times x$

(2) $72=4\times x$　$x=72\div4=18$(cm)

[4] (1) 決まった数は 1.5
$y=1.5\times x$

教科書のドリルの答え　86ページ

❶ ㋐，㋓

❷

20	30	40	60
18	12	9	6

❸ (1)

1	2	3	4	5	6
60	30	20	15	12	10

(2) $y=60\div x$　$(x\times y=60)$

❹ (1) $y=80\times x$　(2) $y=60\div x$

(3) $y=180\div x$

❺ (1) 2cm　(2) 15cm

❻ $y=300\div x$

考え方・解き方

❷ 本数＝360÷(1 本分の長さ)の関係がある。
これから本数を求める。

❸ $x\times y=60$　から $y=60\div x$

❹ 決まった数は，(1) 80，(2) 60，(3) 180 となる。

❺ 面積が一定の長方形の縦の長さと横の長さは反比例する。

テストに出る問題の答え　87ページ

[1] (1) 正，$y=50\times x$

(2) 反，$y=160\div x$

(3) 正，$y=60\times x$

(4) 反，$y=120\div x$

[2] (1)

1	2	3	4	5	6
36	18	12	9	7.2	6

(2) $y=36\div x$　$(x\times y=36)$

[3] (1) 4 時間　(2) 8m³

(3)

1	2	3	4	5	6
24	12	8	6	4.8	4

考え方・解き方

1 正比例の式は，$y=$決まった数$\times x$，反比例の式は，$y=$決まった数$\div x$ になる。

2 (1)高さ＝面積÷底辺 の関係から求める。
(2)面積が 36cm^2 で決まっているので，
$y=36\div x$ となる。

3 (1)$24\div6=4$（時間）
(2)$24\div3=8$（m^3）

教科書のドリル の答え　90ページ

❶ $4\dfrac{1}{2}\text{L}(4.5\text{L})$

❷ 150cm^2

❸ 10cm^3

❹ 20L

❺ 20 日

❻ (1)1.5 時間$\left(1\dfrac{1}{2}\text{時間}\right)$　(2)72 人

❼ 120 箱

❽ 36 分

考え方・解き方

❶ 1L では，$80\div3=\dfrac{80}{3}$（km）走るので，
$120\div\dfrac{80}{3}=\dfrac{9}{2}=4\dfrac{1}{2}$（L）$=4.5$（L）

❷ $20\times20=400$（cm^2）が $16g$ だから，
$400\times\dfrac{6}{16}=150$（$\text{cm}^2$）

❸ $6\times\dfrac{105}{63}=10$（$\text{cm}^3$）

❹ $5\times\dfrac{24}{6}=20$（L）

❺ $(10\times8)\div4=20$（日）

❻ (1)$(30\times48)\div16=90$（分）
(2)$(30\times48)\div20=72$（人）

❼ $(150\times16)\div20=120$（箱）

❽ $4\times45\div5=36$（分）

テストに出る問題 の答え　91ページ

❶ (1)48cm　(2)9 人

❷ 52m

❸ 5.5m

❹ 8 時間

❺ $1\dfrac{1}{3}$ 時間（1 時間 20 分）

考え方・解き方

❶ (1)$(60\times12)\div15=48$（cm）
(2)$(60\times12)\div80=9$（人）

❷ $780\div(60\div4)=52$（m）

❸ $3.3\times\dfrac{1.8}{1.08}=5.5$（m）

❹ 普通電車の速さは，急行電車の速さの$\dfrac{45}{60}=\dfrac{3}{4}$にあたるので，かかる時間は $6\div\dfrac{3}{4}=8$（時間）

❺ 2 時間で$\dfrac{3}{5}$読んだのだから，残りの$\dfrac{2}{5}$を読むには $2\times\left(\dfrac{2}{5}\div\dfrac{3}{5}\right)=1\dfrac{1}{3}$（時間）かかる。

入試レベルの問題① の答え　92ページ

❶ (1)12 分　(2)140m　(3)$y=840\div x$

❷ (1)⊙　(2)⊛

❸ (1)$\dfrac{5}{44}$　(2)55

❹ 1125 円

考え方・解き方

❶ 学校から図書館までの道のりは
$60\times14=840$（m）
(1)$840\div70=12$（分）
(2)$840\div6=140$（m）
(3)時間＝（道のり）÷（速さ）だから
$y=840\div x$

❷ (1)$y=2\times x$ のグラフをみつける。
(2)$y=\dfrac{1}{2}\times x$ のグラフをみつける。

❸ (1)x の値が $\dfrac{5}{2}$ のとき y の値が $\dfrac{33}{4}$ だから，x の値は y の値の$\left(\dfrac{5}{2}\div\dfrac{33}{4}\right)$倍になる。
$\dfrac{3}{8}\times\left(\dfrac{5}{2}\div\dfrac{33}{4}\right)=\dfrac{5}{44}$

(2) $\frac{5}{2}\times\frac{33}{4}\div\frac{3}{8}=55$

❹ 4m を買うと代金は　25×(180÷100)＝45(円)
だから，100m 買うと
45×(100÷4)＝1125(円)

入試レベルの問題②の答え　93ページ

❶ (1)㋐　(2)㋗　(3)㋓　(4)㋒　(5)㋕

❷ (1) 4.8m

(2) ア…$\frac{1}{5}$　　イ…反比例

❸ 32 人

❹ 250m

考え方・解き方

❶ (1)速さをおそくすると，グラフのかたむきはゆるやかになる。

(2)休けいしている間は，横の軸に平行になる。

(3)引き返すと，右下がりの直線になる。

(4)同じ速さで歩くと直線になる。

(5)速さを少しずつおそくしていくと，曲線になる。

[知っておこう]　きょりと時間を表すグラフでは，速さを変えるとかたむきが変わることに注意しよう。

❷ 縦を xm，横を ym とすると，$y=24\div x$ という反比例の式ができることから考える。

❸ 8 人で 24 日かかるのだから，1 人でする と(8×24)日かかることになる。
(8×24)÷6＝32(人)

❹ 父の歩くきょりは子の歩くきょりの$\left(\frac{5}{6}\times\frac{5}{4}\right)$倍になるので　$240\times\left(\frac{5}{6}\times\frac{5}{4}\right)=250$(m)

9 資料の調べ方

教科書のドリルの答え　98ページ

❶ よしきさん

❷ (1)順に，1，4，7，6，4，3，2

(2) 10m 以上 45m 未満

(3)

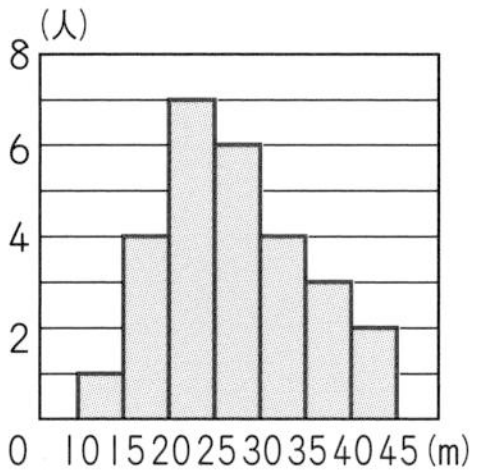

(4) 25m 以上 30m 未満

(5) 20m 以上 25m 未満

❸ (1) 320cm 以上 340cm 未満

(2) 340cm 以上 360cm 未満

(3) 40 %

❹ (1) 40 人　(2) 75 %

(3) 4 番目から 9 番目

考え方・解き方

❶ ひろしさんのにわとりのうんだ卵の重さの平均は
(65＋52＋48＋47＋60＋58)÷6
＝330÷6＝55(g)
よしきさんのにわとりのうんだ卵の重さの平均は
(68＋70＋62＋57＋53＋48＋55)÷7
＝413÷7＝59(g)
よしきさんのにわとりの卵のほうが重い。

❷ (1) 30m や 35m など，はんいの端の数のときに，どのはんいに入れるかまちがわないように気をつける。

❸ (1) 335 は 320 ～ 340 の区間に入る。

(2) 360 ～ 380 は 2 人，340 ～ 360 は 4 人だから，340 ～ 360 の区間に入る。

(3) 320cm 未満の人は
4＋3＋1＝8(人)いるので，
8÷20×100＝40(%)

❹ (1)グラフに示されている人数の合計を求める。
2＋5＋6＋10＋8＋6＋2＋1＝40(人)

(2) 26kg 以上 34kg 未満の人は
6＋10＋8＋6＝30(人)いるから
30÷40×100＝75(%)

(3) 32kg 以上の人は 6＋2＋1＝9(人)
34kg 以上の人は 2＋1＝3(人)だから，
4 番目から 9 番目となる。

テストに出る問題 の答え　99ページ

❶ ゆうとさん
❷ (1) 130cm 以上 135cm 未満
　 (2) 40 人
　 (3) 140cm 以上 145cm 未満
　 (4) 15 %　　(5) 30 %
❸ (1) 27kg 以上 45kg 未満
　 (2) 33kg 以上 35kg 未満
　 (3) 33kg 以上 35kg 未満
　 (4) 14 人

考え方・解き方

❶ かずきさんの点数の平均は
　(5+7+6+9+10)÷5＝37÷5＝7.4(点)
　ゆうとさんの点数の平均は
　(8+7+7+9+8)÷5＝39÷5＝7.8(点)
　ゆうとさんの成績のほうがよい。
❷ (1) 12 人がいちばん多いので，130 〜 135 の区
　　 分となる。
　 (2) 2+10+12+10+4+2＝40(人)
　 (3) 145 〜 150 は 2 人で，140 〜 145 は 4 人
　　 いる。この 2 つをあわせると 6 人となるので，5
　　 番目は 140 〜 145 の区分に入る。
　 (4) (4+2)÷40×100＝15(%)
　 (5) 130cm 未満の人は 12 人いるので
　　 12÷40×100＝30(%)
❸ (1) グラフをみれば 27kg 以上 45kg 未満になる。
　 (3) 33kg 以上 35kg 未満が 9 人でもっとも多くいる。
　 (4) 6+4+2+1+1＝14(人)

入試レベルの問題① の答え　100ページ

❶ (1) 7 点　(2) 32.5 %　(3) 6.6 点
❷ (1) 13 番目と 20 番目の間
　 (2) $\frac{3}{10}$
❸ (1) 240 点　(2) 68 点

考え方・解き方

❶ (1) 7 点の人が 9 人でもっとも多い。
　 (2) 全体の人数は
　　 1+1+4+5+7+9+6+5+2
　　 ＝40(人)
　　 8 点以上とった人は 6+5+2＝13(人)

13÷40×100＝32.5(%)
　 (3) (2×1+3×1+4×4+5×5+6×7
　　 ＋7×9+8×6+9×5+10×2)÷40
　　 ＝264÷40＝6.6(点)
❷ (1) 145cm 以上の人は
　　 8+6+4+2＝20(人)
　　 150cm 以上の人は　6+4+2＝12(人)
　　 いるので，まさおさんは 13 番目と 20 番目の間
　　 となる。
　 (2) 全体の人数は
　　 1+3+4+5+7+8+6+4+2＝40(人)
　　 150cm 以上は 12 人だから
　　 12÷40＝$\frac{12}{40}$＝$\frac{3}{10}$
❸ (1) 合計＝(平均点)×(回数)だから
　　 60×4＝240(点)
　 (2) (240+100)÷5＝68(点)

入試レベルの問題② の答え　101ページ

❶ (1) 12　(2) 18 人　(3) 25 %
❷ (1) 134cm 以上 143cm 未満
　 (2) 9 人　(3) 約 53 %
❸ (1) 75 %　(2) 25 人

考え方・解き方

❶ (1) クラスの児童数の合計は 40 人だから
　　 40−(8+10+5+3+2)＝12(人)
　 (2) 平均点は約 3.2 点だから，平均点以上の人は 4 点
　　 と 5 点の人で，
　　 10+8＝18(人)
　 (3) 3 点未満の人は　5+3+2＝10(人)だから
　　 10÷40×100＝25(%)
❷ (1) 131cm 〜 134cm の人は 9 人とわかり，
　　 143cm 〜 146cm の人は 4 人とわかる。
　　 わからないのは，その間の 134cm 〜 143cm の
　　 人数である。
　 (2) 143cm 以上の人は，
　　 4+3+2+1＝10(人)
　　 いるので，140cm 以上 143cm 未満の人は
　　 19−10＝9(人)
　 (3) 45−(1+1+9+4+3+2+1)＝24(人)
　　 24÷45×100＝53.3 ……→約 53 %
❸ (1) 全体の人数は
　　 1+1+3+6+8+2+3＝24(人)

1回以上5回未満の人数は、5回の人は入らない
ので、1+3+6+8=18(人)
18÷24×100=75(%)
(2)6年1組で5回以上できる人は、2+3=5(人)
いるので、
$120×\frac{5}{24}=25(人)$

⑩ 場合の数

教科書のドリルの答え　106ページ

❶ 6通り
❷ 6通り
❸ 24通り
❹ (1)12通り　(2)6つ
❺ 10通り
❻ 6通り
❼ 10通り
❽ 4通り

考え方・解き方

❶ 上の段を赤にし
たとき、青にし
たとき、黄にし
たときと順に調
べればよい。

赤	赤	青	青	黄	黄
青	黄	赤	黄	赤	青

❸ 赤をいちばん上にした場合、6通りの並べ方ができ
る。
緑、黒、白をいちばん上にした場合も、それぞれ6
通りできるので、並べ方は全部で
6×4=24(通り)
となる。

❹ (1)右のように、12
通りできる。

13,	15,	17
31,	35,	37
51,	53,	57
71,	73,	75

❺ 下の左側の図から10通り
❻ 下の右側の図から6通り

❼ 使わない2種類を選ぶと考えると、10通りある。
❽ 1つ残せばよいので、4通りある。

テストに出る問題の答え　107ページ

❶ 6通り
❷ (1)9通り　(2)4つ　(3)5つ
❸ 10通り
❹ (1)10本　(2)15本

考え方・解き方

❶ 赤黄緑、赤緑黄、黄赤緑、黄緑赤、緑赤黄、緑黄
赤の6通りある。
❷ (1)十の位を0にする
ことはできないので、
右の9通りある。

20,	23,	25
30,	32,	35
50,	52,	53

❸ 自転車に乗る2人の組をつくればよいので、10通
りとなる。
❹ 下の図のようになる。

(1) 　(2)

教科書のドリルの答え　110ページ

❶ 3通り
❷ 7通り
❸ 6通り
❹ 15円、55円、60円、105円、110円、
150円
❺ 24通り
❻ (1)大1 小3(40円)、大2 小2(50円)、
大3 小1(55円)
(2)5通り

考え方・解き方

❶ 30円と20円の組み合わせ方は、2個と7個、
4個と4個、6個と1個の3通りある。
❷ 1g、2g、5g、1+2=3(g)、1+5=6(g)、
2+5=7(g)、1+2+5=8(g)の7通りある。
❸ バス→電車、バス→バス
モノレール、電車についても同じだから
3×2=6(通り)

⑤ 青，黄，緑，黒の 4 色のぬり方を考える。

⑥ (2)100 円になる組み合わせは，次の 5 通りある。

	枚数(枚)	1	2	4	5	6
大	値段(円)	15	30	50	65	80
小	枚数(枚)	10	8	6	4	2
	値段(円)	85	70	50	35	20

テストに出る問題 の答え　111ページ

■1 (1)6 通り　(2)2 通り

■2 (1)9 通り　(2)3 通り　(3)3 通り

■3 2 通り

■4 6 通り

考え方・解き方

■1 (2)紅茶とパイ，ジュースとケーキでそれぞれ 300 円になる。

■2 (1)Aが「パー」を出すとき，Bは 3 通りの出し方がある。Aが「グー」,「チョキ」を出すときも同じだから，3×3＝9(通り)

(2)Aは「パー」,「グー」,「チョキ」で勝つので，3 通りある。

(3)「パー」,「グー」,「チョキ」であいこになるので 3 通りある。

■3 30 円と 20 円を，1 枚と 6 枚，3 枚と 3 枚買う場合の 2 通りある。

■4 青，黄，黒の中から 2 色を選んでぬるので 6 通りとなる。

入試レベルの問題① の答え　112ページ

❶ (1)9 通り　(2)2 つ　(3)4 つ

❷ 12 通り

❸ 11 通り

❹ 4 通り

❺ 2 通り

考え方・解き方

❶ (2)奇数は，63 と 83 の 2 つ。

(3)4 の倍数は，36，60，68，80 の 4 つ。

❷ はるかさんがリーダーになると，3 人の中から 1 人副リーダーを選ぶことになるので，3 通り。
なつきさん，あきなさん，ふゆみさんがリーダーになる場合も同じだから，4×3＝12(通り)

❸ Aから直接Cへ行くのが 3 通り，AからBを通ってCへ行くのが 8 通りあるので，あわせて 11 通りとなる。

❹ 3 回表だと 3m 右，2 回表 1 回うらだともとのところ，1 回表 2 回うらだと 3m 左，3 回うらだと 6m 左の 4 通りある。

❺ (2cm，5cm，6cm)と(3cm，5cm，6cm)の 2 通りある。

知っておこう　三角形ができるためには，
2 つの辺の長さの和>残りの辺の長さ
でなければなりません。

入試レベルの問題② の答え　113ページ

❶ 16 通り

❷ 6 つ

❸ (1)15 通り

(2)100 円，105 円，110 円，115 円，
150 円，155 円

❹ 12 通り

❺ 10 通り

考え方・解き方

❶ 行きは 4 通り，帰りも 4 通りの道が選べるので，
4×4＝16(通り)

❷ $\frac{3}{2}$，$\frac{5}{2}$，$\frac{7}{2}$，$\frac{5}{3}$，$\frac{7}{3}$，$\frac{7}{5}$ の 6 つある。

❸ (1)次の 15 通りある。
5，10，50，100，5+10，5+50，
5+100，10+50，10+100，50+100，
5+10+50，5+10+100，5+50+100，
10+50+100，5+10+50+100

❹ ABを 1 人と考えると 6 通りの並び方があるので，
6×2＝12(通り)

❺ 5 人の中から 3 人を選ぶので，2 人残すと考えると 10 通りとなる。

11 量の単位のしくみ

教科書のドリルの答え　118ページ

❶ (1) 43m　(2) 50000m²
　(3) 30L　(4) 0.246t
　(5) 20g
❷ (1) 30ha　(2) 80L
❸ 15a
❹ (1) 40kL　(2) 40t
❺ 約5.5g
❻ (1) 40　(2) 800
❼ (1) 20cm　(2) 12L
❽ (1) 60a　(2) 2400kg

考え方・解き方

❶ (1) 1000mm＝1m だから
　　43000mm＝43m
　(2) 1000000m²＝1km² だから
　　0.05km²＝0.05×1000000m²
　　　　　　＝50000m²
　(3) 1000mL＝1L だから
　　30000mL＝30L
　(4) 1000kg＝1t だから
　　246kg＝246÷1000t
　　　　　＝0.246t
　(5) 1g＝1000mg だから
　　20000mg＝20g
❷ (1) 400×750＝300000（m²）
　　300000m²＝30ha
　(2) 25×80×40＝80000（cm³）
　　80000cm³＝80L
❸ 60×25＝1500（m²）→15a
❹ (1) 4×5×2＝40（m³）
　　1m³＝1kL だから 40kL
　(2) 水 1kL は 1t だから 40t
❺ 15×365＝5475（mg）→およそ5.5g
❻ (1) 3200÷80＝40（m）
　(2) 640000÷800＝800（m）
❼ (1) 8000÷（25×16）＝20（cm）
　(2) 25×16×（20＋10）＝12000（cm³）→12L
❽ (1) 80×75＝6000（m²）→60a
　(2) 40×60＝2400（kg）

テストに出る問題の答え　119ページ

❶ (1) 0.35m　(2) 57mm
　(3) 2500m²　(4) 360a
　(5) 600ha　(6) 8000cm³
　(7) 3dL　(8) 3000L
　(9) 10500kg　(10) 0.5g
❷ (1) 52.6kg　(2) 80g
　(3) 5.6t　(4) 180t
❸ 12本目
❹ 15990 ふくろ
❺ 15kL

考え方・解き方

❶ (1) 100cm＝1m だから，35cm＝0.35m
　(2) 1cm＝10mm だから，5.7cm＝57mm
　(3) 1a＝100m² だから　25a＝2500m²
　(4) 1ha＝100a だから　3.6ha＝360a
　(5) 1km²＝1000000m²＝10000a＝100ha だから，
　　6km²＝600ha
　(6) 1L＝1000cm³ だから，8L＝8000cm³
　(7) 1dL＝100mL だから，300mL＝3dL
　(8) 1m³＝1000L だから，3m³＝3000L
　(9) 1t＝1000kg だから，
　　10.5t＝10500kg
　(10) 1g＝1000mg だから
　　500mg＝0.5g
❷ (1) 水 1L は 1kg だから，52.6L は
　　52.6kg
　(2) 水 1mL は 1g だから，80mL は 80g
　(3) 水 1kL＝1000L は，1000kg＝1t だから，
　　5.6kL は 5.6t
　(4) 水 1m³ は 1t だから，180m³ は 180t
❸ 2L＝2000mL
　2000÷180＝11.11……→12本
❹ 4t＝4000kg
　4000÷7.5＝533.3…　533（ふくろ）
　533×30＝15990（ふくろ）
❺ 1kL＝1m³
　250cm＝2.5m，400cm＝4m，
　150cm＝1.5m だから
　2.5×4×1.5＝15（m³）→15kL

教科書のドリルの答え　122ページ

❶ (1) 1000, 1000
　(2) 1000000, 10000, 100
　(3) 1000, 1000, 1000
　(4) 60, 60

❷ (1) kg　(2) km²　(3) kL
　(4) g　(5) mg

❸ $\dfrac{1}{1000}$

❹ 390g

❺ 80m

❻ 2000cm²

考え方・解き方

❶ (1) 1kL＝1000L, 1L＝1000mL
　(2) 1km²＝(1000×1000)m²
　　　　　＝1000000m²
　　1ha＝(100×100)m²＝10000m²
　　から　1km²＝100ha
　(3) 1t＝1000kg, 1kg＝1000g,
　　1g＝1000mg
　(4) 1時間＝60分, 1分＝60秒

❷ できるだけ簡単な数値になるような単位を選ぶ。

❸ 1mm＝$\dfrac{1}{1000}$m, 1mg＝$\dfrac{1}{1000}$g などから,
　$\dfrac{1}{1000}$ を表すことがわかる。

❹ 水150mLは150gだから
　240＋150＝390(g)

❺ 2mが75gだから, 3kg＝3000gは
　3000×$\dfrac{2}{75}$＝80(m)

❻ 50×50＝2500(cm²)が1.5kgあるので,
　1.2kgは 2500×$\dfrac{1.2}{1.5}$＝2000(cm²)

テストに出る問題の答え　123ページ

❶ (1) 25m²　(2) 25a　(3) 25ha

❷ 790g

❸ (1) 120L　(2) 120kg

❹ 30ふくろ

❺ 20L

考え方・解き方

❶ (1) 単位が1mのとき, 5×5＝25(m²)
　(2) 単位が10mのとき
　　50×50＝2500(m²) → 25a
　(3) 単位が100mのとき
　　500×500＝250000(m²)
　　250000m²＝2500a＝25ha

❷ 水1mLは1gだから
　1550－760＝790(g)

❸ (1) 60×50×40＝120000(cm³)
　　　　120000cm³＝120L
　(2) 水1Lは1kgだから　120kg

❹ 0.9km²＝9000a, 3ha＝300aだから,
　9000÷300＝30(ふくろ)

❺ 600m³＝600000L
　600000÷(30×1000)＝20(L)

入試レベルの問題①の答え　124ページ

❶ 450個

❷ 193g

❸ 125cm

❹ 3.57t

❺ 2.4cm

❻ 180g

考え方・解き方

❶ 1円玉1個の重さは, 100÷100＝1(g)
　600－150＝450(g)
　450÷1＝450(個)

❷ 金1cm³の重さは, 銀1cm³の重さの
　(19.3÷10.5)倍となるので,
　105×19.3÷10.5＝193(g)

❸ 木のまわりの長さは
　(800－15)÷2＝392.5(cm)
　だから, 木の直径は
　392.5÷3.14＝125(cm)

❹ 60×(85×70÷100)÷1000
　＝3.57(t)

❺ 三角形の面積は
　8.2×5.9÷2＝24.19(cm²)
　台形の下底の長さは
　24.19÷(5.9×2)×2－1.7＝2.4(cm)
　別の考え方　三角形の面積は
　　(底辺)×(高さ)÷2

台形の面積は（上底＋下底）×（高さ）÷2

だから，台形の高さが2倍になると，上底＋下底は底辺の半分にならなければならない。

これから上底は，8.2÷2－1.7＝2.4(cm)

❻ 油1dLの重さは

(810－530)÷(9－5)＝70(g)

びんの重さは

530－70×5＝180(g)

入試レベルの問題② の答え　125ページ

❶ 1400L

❷ 14個

❸ 5cm

❹ 1250g

❺ (1) 6ピン7ポン1パン

(2) 2ピン10ポン6パン

(3) 2ピン12ポン

考え方・解き方

❶ 1a＝10m×10m

＝1000cm×1000cm

＝1000000cm²

14mm＝1.4cmだから

1000000×1.4＝1400000(cm³)

1400000÷1000＝1400(L)

❷ 4kgは11.4gの(4000÷11.4)倍だから，4kgのなまりの体積は

1×(4000÷11.4)cm³ となる。

これから直方体のおもりは

(4000÷11.4)÷(2×3×4)＝14.619…

となるので，14個できることになる。

❸ 4.5L＝4500cm³

4500÷(30×30)＝5(cm)

❹ 50kg＝50000gだから，1mの重さは

50000÷1000＝50(g)

これから25mでは

50×25＝1250(g)

❺ (1)　　2ピン11ポン7パン

＋) 3ピン15ポン6パン

5ピン26ポン13パン

13パン＝1ポン1パン，

26ポンに1ポンをたすと

27ポン＝1ピン7ポン

1ピンを5ピンにたして6ピン。

つまり，6ピン7ポン1パンとなる。

(2)　　8ポン5パン

×)　　　　6

48ポン30パン

30パン＝24パン＋6パン＝2ポン6パン

50ポン＝40ポン＋10ポン＝2ピン10ポン

つまり，2ピン10ポン6パンとなる。

(3)　　3ピン5ポン

×)　　　0.8

2.4ピン4ポン

2.4ピン＝2ピン＋0.4ピン

＝2ピン＋0.4×20ポン

＝2ピン8ポン

2ピン8ポン＋4ポン＝2ピン12ポン

知っておこう　12パン＝1ポンということから，十二進法，20ポン＝1ピンということから二十進法になっていることに気がつくようにしておこう。

---

12 問題の考え方

教科書のドリル の答え　130ページ

❶ 15分後

❷ 11分後

❸ 20円

❹ 8個

❺ 80円…6枚　　　60円…9枚

❻ 36本

❼ 8日間

考え方・解き方

❶　　　　　□分後に出会うとすると

よしこさん→1分間に65m　1分間に75m←お母さん

学校━━━━━2100m━━━━━家

(65×□)m　　　　　　(75×□)m

2人が出会う地点

65×□＋75×□＝2100

出会うまでによしこさんが歩いた道のり　　出会うまでにお母さんが歩いた道のり

(65＋75)×□＝2100　← 計算のきまりを使って式をまとめる

1分間に縮まる2人のへだたり

□＝2100÷140＝15(分後)

別の考え方　表をつくって次のようにしてもよい。

	1分後	2分後	3分後	…	□分後
よしこさんが歩いた道のり(m)	65	130	195	…	
お母さんが歩いた道のり(m)	75	150	225	…	
2人が歩いた道のりの和(m)	140	280	420	…	2100

140m　140m　140m　140m

2人のへだたりは，1分間に 65+75=140(m)ず
つ小さくなっている。へだたりが0になるのは，
2100÷(65+75)=15(分後)

❷ 急行電車が出発するときの，普通電車の位置は，
$\frac{55}{60} \times 6 = \frac{11}{2}$(km)先。

□分後に追いつくとすると

山田駅 $\frac{11}{2}$ km　　$\left(\frac{55}{60} \times \square\right)$km　　追いつく地点

普通　分速 $\frac{55}{60}$ km →

急行　$\left(\frac{85}{60} \times \square\right)$km

急行　分速 $\frac{85}{60}$ km →

$\frac{85}{60} \times \square - \frac{55}{60} \times \square = \frac{11}{2}$

急行が出発するまでに
普通が進んだきょり

追いつくまでに　　追いつかれるまでに
急行が進んだきょり　普通が進んだきょり

計算のきまり

$\left(\frac{85}{60} - \frac{55}{60}\right) \times \square = \frac{11}{2}$

2つの電車の
分速の差
‖
1分間に縮まるきょり

$\frac{1}{2} \times \square = \frac{11}{2}$

$\square = \frac{11}{2} \div \frac{1}{2} = 11$(分後)

別の考え方　表をつくって次のようにしてもよい。

	はじめ	1分後	2分後	…	□分後
普通電車の進んだきょり(km)	$\frac{11}{2}$			…	
急行電車の進んだきょり(km)	0			…	
縮まったきょり(km)	0	$\frac{1}{2}$	1	…	$\frac{11}{2}$

$\frac{1}{2}$km　$\frac{1}{2}$km　$\frac{1}{2}$km　$\frac{1}{2}$km

$\frac{11}{2} \div \left(\frac{85}{60} - \frac{55}{60}\right) = 11$(分後)

❸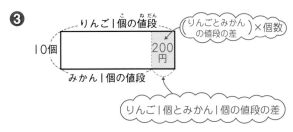

1個の値段の差が 10 集まって，200 円になったの
だから，1個の値段の差は，
200÷10=20(円)

❹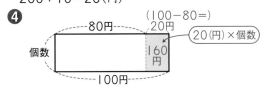

アイスクリーム 1 個の値段を 100-80=20(円)
上げると，代金が 160 円ちがってくるのだから，
160÷20=8(個)のアイスクリームを買うことにな
る。

❺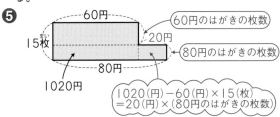

60 円のはがきばかり 15 枚買ったとすると
60×15=900(円)となる。
はらったお金は 1020 円だから，
(1020-900)÷(80-60)=6(枚)
が，80 円のはがきになる。
60 円のはがきは，15-6=9(枚)

別の考え方　次のような表にしてもよい。

60円	14	13	12	11	10	9
80円	1	2	3	4	5	6
合計の値段	920	940	960	980	1000	1020

合計が 1020 円になるところから，60 円を 9 枚，
80 円を 6 枚買ったことになる。

❻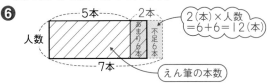

えん筆を 1 人について
7-5=2(本)ずつふやすと，
6+6=12(本)の差ができる。

このことから，人数は 12÷2＝6（人）
えん筆の本数は 5×6＋6＝36（本）

別の考え方　上の方法がわかりにくいときは，下の
ような表をつくって，直接求める。

人数	1	2	3	4	5	6
5本のとき	5	10	15	20	25	30
(上の数)＋6	11	16	21	26	31	36
7本のとき	7	14	21	28	35	42
(上の数)−6	1	8	15	22	29	36

❼

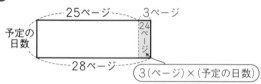

1日に 28−25＝3（ページ）ずつ少なく読んだので，
2日で6ページ，3日で9ページというように予定
よりおくれることになる。
予定した日までに 24 ページ分おくれたので
24÷3＝8（日）

別の考え方　次のような表にすると，わかりやすい。

日数	1	2	3	4	5	6	7	8
28ページずつのとき	28	56	84	112	140	168	196	224
25ページずつのとき	25	50	75	100	125	150	175	200
予定との差	3	6	9	12	15	18	21	24

テストに出る問題 の答え　131 ページ

❶ 6分後
❷ (1)7個　(2)13個
❸ (1)12学級　(2)100本
❹ (1)10枚　(2)60枚

考え方・解き方
❶ 1周すると 870m ある池のまわりを，2人が反対
方向に歩きはじめるということは，最初の2人のへ
だたりは 870m。このへだたりは，1分間に，80
＋65＝145（m）ずつ小さくなる。
870÷（80＋65）＝6（分後）

❷ 全部 160 円のケーキを買ったとすると，
160×20＝3200（円）
180 円のケーキの個数は，
(1) (3340−3200)÷(180−160)＝7（個）
(2) 160 円のケーキの個数は，
20−7＝13（個）

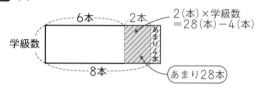

❸ (1)

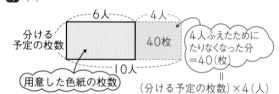

配る本数を 8−6＝2（本）ずつふやすと，差が
28−4＝24（本）となるので，学級の数は，
24÷2＝12（学級）
(2)6×12＋28＝100（本）

❹ (1)

人数が 10−6＝4（人）ふえたので，40枚たりなく
なったことから，はじめに予定した1人分の枚数は，
40÷4＝10（枚）
(2)買ってきた色紙は，10×6＝60（枚）

教科書のドリル の答え　134 ページ

❶ 90000 円
❷ 6 万円
❸ 4500 円
❹ 12000 冊
❺ 640 円
❻ 縦…15cm　　横…25cm

考え方・解き方
❶

定価は 75000 円の（1＋0.2）倍になる。
75000×（1＋0.2）＝90000（円）

❷
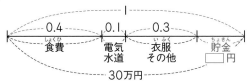

貯金するのは，全体の
$1-(0.4+0.1+0.3)=0.2$
だから，$30×0.2=6(万円)$

❸ $3600÷(1-0.2)=4500(円)$
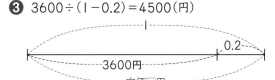

❹
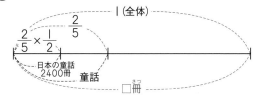

全体を 1 とすると，日本の童話の本の割合は
$\frac{2}{5}×\frac{1}{2}=\frac{1}{5}$
これが 2400 冊にあたるので，全体の本は
$2400÷\frac{1}{5}=12000(冊)$

❺
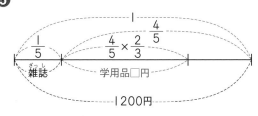

$1-\frac{1}{5}=\frac{4}{5}$　$\frac{4}{5}×\frac{2}{3}=\frac{8}{15}$ ……学用品の割合
$1200×\frac{8}{15}=640(円)$……学用品の金額

❻ 縦と横の長さの和は，$80÷2=40(cm)$
横の長さを 1 とすると，
縦の長さは $\frac{3}{5}$ になるので，
$40÷\left(1+\frac{3}{5}\right)=25(cm)$…横
$40-25=15(cm)$…縦

テストに出る問題の答え　135ページ

1️⃣ 720 人
2️⃣ 1200 円
3️⃣ 300000 円
4️⃣ 2340 円
5️⃣ 10 時間

考え方・解き方

1️⃣

図から，540 人が $1-0.25$ にあたる。
$540÷(1-0.25)=720(人)$

2️⃣ 全体の $\frac{3}{10}+\frac{2}{5}$ が 840 円になるので
$840÷\left(\frac{3}{10}+\frac{2}{5}\right)=1200(円)$

3️⃣ 食費は，収入の 75 ％の 40 ％であるから，収入の $0.75×0.4(倍)$ が 90000 円となる。
$90000÷(0.75×0.4)=300000(円)$

4️⃣ 仕入れた値段の $(1+0.3)$ 倍で売ろうとしたが，これから 10 ％をひいたので，仕入れた値段に対しては，$(1+0.3)×(1-0.1)$ 倍で売ったことになる。
$2000×(1+0.3)×(1-0.1)=2340(円)$

5️⃣ 夜の長さを 1 とすると，昼の長さは $\frac{5}{7}$ となり，1 日（24 時間）は $1+\frac{5}{7}$ にあたる。

これから，夜の長さは，$24÷\left(1+\frac{5}{7}\right)=14(時間)$

昼の長さは，$24-14=10(時間)$

教科書のドリルの答え　138ページ

❶ みのるさん
❷ $\frac{3}{4}$
❸ 2 分
❹ 12 分
❺ 30 日
❻ 24 分

考え方・解き方

❶ みのるさんは，1日に全体の $\frac{2}{3} \div 3 = \frac{2}{9}$ を，よし

とさんは，1日に全体の $\frac{2}{5} \div 2 = \frac{1}{5}$ をするので，み

のるさんのほうが速いといえる。

❷ みくさんは1分間に $\frac{1}{20}$，まいさんは1分間に $\frac{1}{40}$

の仕事をするので，2人で10分間に，

$\left(\frac{1}{20} + \frac{1}{40}\right) \times 10 = \frac{3}{4}$

の仕事をする。 ← 2人で1分間にする仕事の量

❸ 家から図書館までの道のりを①とすると，歩くとき

の分速は $\frac{1}{15}$，走るときの分速は $\frac{1}{6}$ となるので，

$\left(1 - \frac{1}{15} \times 10\right) \div \frac{1}{6} = \frac{1}{3} \div \frac{1}{6} = 2$（分）

（走ったきょり）（歩いたきょり）

❹ 兄1人では1分間に $\frac{1}{20}$，弟1人では1分間に

$\frac{1}{30}$ ぬるので，2人でぬると，

← 全体の仕事量を1とする

$① \div \left(\frac{1}{20} + \frac{1}{30}\right) = 12$（分）

❺ 1日に，まさきさん1人では $\frac{1}{20}$，2人では $\frac{1}{12}$ で

きるので，なつみさん1人では1日に $\frac{1}{12} - \frac{1}{20}$ できる。

これから　$1 \div \left(\frac{1}{12} - \frac{1}{20}\right) = 30$（日）

❻ 1分間に，Aでは $\frac{1}{40}$，Bでは $\frac{1}{60}$ 入るので，両方

使うといっぱいになるまでに

$1 \div \left(\frac{1}{40} + \frac{1}{60}\right) = 24$（分）かかる。

テストに出る問題 の答え　139ページ

❶ (1) $\frac{1}{12}$　(2) 12日目

❷ (1) A… $\frac{1}{2}$　　B… $\frac{1}{4}$　(2) 1時間20分

❸ $\frac{11}{15}$

❹ 4回

考え方・解き方

❶ (1) $\frac{1}{20} + \frac{1}{30} = \frac{1}{12}$

(2) $1 \div \frac{1}{12} = 12$（日目）

❷ (2) 1時間に，Aは全体の $\frac{1}{2}$，Bは全体の $\frac{1}{4}$ 耕す

ので，A，B両方では $\frac{1}{2} + \frac{1}{4} = \frac{3}{4}$ 耕せることにな

る。

畑全体を耕すのにかかる時間は

$1 \div \frac{3}{4} = 1\frac{1}{3}$（時間）→ 1時間20分

❸ 1時間に，Aは $\frac{1}{20}$，Bは $\frac{1}{24}$ の仕事をするから，

A，B2人で8時間では，

$\left(\frac{1}{20} + \frac{1}{24}\right) \times 8 = \frac{11}{15}$ の仕事ができる。

❹ 大きいトラックでは，1回に倉庫の米の $\frac{1}{6}$ を，小さ

いトラックでは，1回に倉庫の米の $\frac{1}{12}$ を運ぶことが

できる。

大小のトラックをいっしょに使うと，1回に

$\frac{1}{6} + \frac{1}{12} = \frac{1}{4}$ の米を運べるので，運び終わるには

$1 \div \frac{1}{4} = 4$（回）かかる。

入試レベルの問題① の答え　140ページ

❶ ア…12　イ…62

❷ 150m

❸ 9時間

❹ (1) 1120円　(2) 18人まで

❺ 81枚

考え方・解き方

❶ $(26 - 2) \div (5 - 3) = 12$（脚）

└ 5人すわることにより　└ すわれるようになった
すわれるようになった人数　│脚あたりの人数

$3 \times 12 + 26 = 62$（人）

❷ $\left(6000 - 6000 \times \frac{24}{60}\right) \div 24 = 150$（m）

太郎さんが歩いたきょり
└ 24分かかって歩いた
次郎さんが歩いたきょり

1時間にAでつくれる分　1時間にBでつくれる分

❸ $\left(\frac{3}{4} \div \frac{1}{8}\right) + \left(\frac{1}{4} \div \frac{1}{12}\right) = 6 + 3 = 9$（時間）

└ 全体の $\frac{3}{4}$ を　└ 全体の $\frac{1}{4}$ を
Aでつくる　　Bでつくる
Bでつくるのにかかる時間
Aでつくるのにかかる時間

❹ (1) 800×(1＋0.4)＝1120(円)

└ すべて小学生だとあまる金額

(2) (30000－800×30)÷(1120－800)
　＝6000÷320＝18.75(人)
　したがって，18人まで。

└ 1人あたり小学生より中学生の方が高い金額

❺

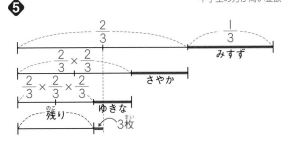

上の図より，残った枚数は全体の，

$$\left(1-\frac{1}{3}\right)\times\left(1-\frac{1}{3}\right)\times\left(1-\frac{1}{3}\right)=\frac{8}{27}$$

全体の$\frac{8}{27}$は，全体の$\frac{1}{3}$より3枚少ないので，

$$3\div\left(\frac{1}{3}-\frac{8}{27}\right)=81(枚)$$

入試レベルの問題❷ の答え　141ページ

❶ 10分間
❷ 840
❸ 12.2kg
❹ 5日間
❺ (1) 3分後　(2) 240mのところ

考え方・解き方

❶ (2700－65×30)÷(140－65)＝10(分間)

└ すべて歩いたとしたらどれだけ進めないか
　　　　　　　└ 走る方が多く進めるきょり

❷ 6×20÷(7－6)＝120　←7mごとに植えるときは120本木が必要

もし，20本少ないまま6m間隔にしたら，木が植えられない長さ
7m間隔のときは，6m間隔より木1本につき1m長かったので，(6×20)m分おぎなうことができる

7×120＝840(m)　←まわりの長さ

❸ (5.8－5.0)÷$\left(\frac{1}{3}-\frac{1}{4}\right)$

　＝0.8÷$\frac{1}{12}$＝9.6(kg)　←いっぱいに水を入れたときの水だけの重さ

　9.6×$\frac{1}{4}$＝2.4(kg)　←$\frac{1}{4}$だけ水を入れたときの水だけの重さ

　5.0－2.4＝2.6(kg)　←容器だけの重さ

容器＋水　水

2.6＋9.6＝12.2(kg)

❹ $\left(\frac{1}{9}\times11-1\right)\div\left(\frac{1}{9}-\frac{1}{15}\right)=\frac{2}{9}\div\frac{2}{45}$

太郎さんが11日でできる量　仕事全体　太郎さんと花子さんの仕事の差

　＝5(日間)

❺ (1) (60×1)÷(80－60)＝3(分後)

(2) 800÷(80－60)＝40(分)　←A子さんがB子さんに1周して追いつくのにかかる時間

60×(⓵0＋③＋①)＝2640(m)

B子さんはすでに1分歩いていた　　B子さんが2640m歩いたときに出会う

A子さんが歩きはじめてからはじめて出会うまでの時間

1周して2回目に出会うまでの時間

2640÷800＝3…240　←B子さんは3周と240m歩いたPから240mのところで出会う

別の考え方　　A子さんが歩いた時間ときょりで求めるなら，

└ A子さんは出会うまでに3分しか歩いていない

80×(40＋③)＝3440(m)

3440÷800＝4…240

└ A子さんは4周と240m歩いた

仕上げテスト

仕上げテスト❶ の答え　144ページ

❶ (1) $1\frac{1}{6}$　(2) $1\frac{11}{24}$

❷ (1) $\frac{13}{15}$　(2) $\frac{1}{30}$

❸ (1) 16個　(2) 4個　(3) 12個

❹ (1) $1\frac{1}{3}$　(2) $4\frac{2}{5}$

考え方・解き方

❶ (1) $\left(\frac{5}{6}+1\frac{1}{2}\right)\div2=1\frac{1}{6}$

(2) $\left(1\frac{1}{2}+3\frac{3}{4}\right)\div2-1\frac{1}{6}=1\frac{11}{24}$

❷ (1) 1との差を求めて比べる。

もとの数	$\frac{5}{6}$	$\frac{11}{13}$	$\frac{13}{15}$	$\frac{21}{25}$
1との差	$\frac{1}{6}$	$\frac{2}{13}$	$\frac{2}{15}$	$\frac{4}{25}$
分子を4にする	$\frac{4}{24}$	$\frac{4}{26}$	$\frac{4}{30}$	$\frac{4}{25}$

いちばん大きいのは$\frac{13}{15}$，いちばん小さいのは$\frac{5}{6}$

(2) $\frac{13}{15}-\frac{5}{6}=\frac{1}{30}$

3 (1) 100÷6＝16　あまり 4　→16 個

(2) 6 と 8 の公倍数のうちいちばん小さいものは 24

100÷24＝4　あまり 4　→4 個

(3) 16－4＝12(個)

仕上げテスト②の答え　145 ページ

1 (1) 60000cm²　(2) 260m²

(3) 3.5ha　(4) 5000cm³

(5) 4.6m³　(6) 0.2L

(7) 8500kg　(8) 0.4g

(9) $1\frac{1}{4}$時間　(10) 90 秒

2 (1) 20cm²　(2) 35cm²

(3) 21.5cm²　(4) 35cm²

3 (1) 120cm³　(2) 706.5cm³

4 (1) 5cm　(2) 7.5kg

考え方・解き方

2 (1) 5×8÷2＝20(cm²)

(2) (6＋8)×5÷2＝35(cm²)

(3) 10×10－5×5×3.14＝21.5(cm²)

(4) (7－2)×(9－2)＝35(cm²)

3 (1) 6×5÷2×8＝120(cm³)

(2) 5×5×3.14×9＝706.5(cm³)

4 (1) 1500÷(20×15)＝5(cm)

(2) (20×15×25)÷1000＝7.5(kg)

仕上げテスト③の答え　146 ページ

1 (1) 3　(2) 2

2 3：1

3 405cm³

4 1400kg

5 4.8km

考え方・解き方

1 (1) $8\times x-19=5$　$8\times x=24$　$x=3$

(2) $2-3\div x=\frac{1}{2}$　$3\div x=1\frac{1}{2}$　$x=2$

2 A，Bは台形で，高さが同じだから，面積の比は，(上底＋下底)の比となる。

(5＋4)：(2＋1)＝3：1

3 ㋐と㋑の水の量の合計は

12×6×14＋(9＋15)×10÷2×5

＝1608(cm³)

㋐と㋑の底面積の合計は

12×6＋(9＋15)×10÷2＝192(cm²)

深さを同じにしたときの深さは，

1608÷192＝8.375(cm)

これから移す水の量は

12×6×(14－8.375)＝405(cm³)

4 1m³＝1000000cm³ だから

1000000÷50＝20000

70×20000÷1000＝1400(kg)

5 きょりを 1 とすると，往復にかかった時間は

$\left(\frac{1}{6}+\frac{1}{4}\right)$時間となるので，平均時速は

$(1+1)\div\left(\frac{1}{6}+\frac{1}{4}\right)=4\frac{4}{5}=4.8$(km)

仕上げテスト④の答え　147 ページ

1

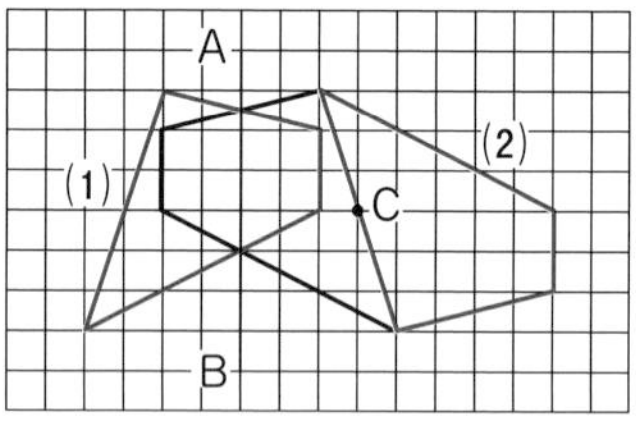

2 6 通り

3 (1) 円，長方形　(2) 正五角形

4 (1) ㋕　(2) ㋒　(3) ㋑

考え方・解き方

2 Aの席は決まっているので，B，C，Dを左まわりに席につかせると，BCD，BDC，CBD，CDB，DBC，DCBの 6 通りのすわり方がある。

4 (1) ㋐も㋕も，面積は　3×1÷2 となる。

(2) ㋐と㋒を比べると，㋒は㋐に対して，辺の長さがどれも 2 倍になっている。

MEMO

MEMO

MEMO

これでわかる

算数

小学6年